堰ゲートの
水理解析・流体関連振動

巻幡敏秋　著

技報堂出版

書籍のコピー，スキャン，デジタル化等による複製は，
　著作権法上での例外を除き禁じられています。

序

　本書は，河口に設置される鋼製の可動堰に関連する水理および振動現象である流体関連振動について記述している．可動堰は，可動部の構造によって起伏堰と引上げ堰に大別される．堰ゲートの水理で，円弧越流する起伏ゲートを取り上げ，堰の流体関連振動で，引上げ堰である洪水調節用の制水ゲートと河川環境用の2段式調節ゲートを取り上げている．

　可動堰の役割は，洪水の安全な流下のための治水，既得用水の安定な取水のための利水，さらに，河川環境の保全，向上である．具体的には，堰止めにより水位を上げることに伴う上流側での水の貯留，用水路等への取水を容易にし，さらには下流側からの海水の逆流を防止する．

　堰ゲートの水理は，堰の上下開閉に伴う堰頂からの越流，堰頂端からの落水脈となる2段式調節ゲート，および越流と潜り下端放流する制水ゲートがある．また，2段式調節ゲートでは，扉間漏水という特殊な水理現象が発生する可能性もある．

　本書では，水理解析として，円弧面からの越流水脈，堰下流の角折れ河床流れ，流体関連振動として，越流および潜り下端放流，さらに扉間漏水による可動堰の振動現象について可能な範囲で具体な事例に基づいて詳述している．今後の堰ゲート計画・設計および保守・点検等に資することを期している．

目　　次

1. **堰ゲート**　*1*
2. **水理解析**　*3*
    2.1　円弧面（起伏ゲート）からの越流水脈　*3*
        2.1.1　解　析　法　*3*
        2.1.2　座　標　系　*3*
        2.1.3　記号と意味　*3*
        2.1.4　水 理 解 析　*4*
        2.1.5　数値解析の結果　*7*
        2.1.6　円弧頂点から約65°下流に受桁のある越流水脈　*9*

    2.2　円弧面（起伏ゲート）の上流水面形　*11*
        2.2.1　解　析　法　*11*
        2.2.2　数 値 計 算　*12*

    2.3　段落ちを有する斜路流れの水脈　*13*
        2.3.1　斜路流れの水脈変動　*13*
        2.3.2　関　係　式　*14*
        2.3.3　計 算 結 果　*15*
        2.3.4　音 響 特 性　*16*
        2.3.5　ま と め　*20*

    2.4　角折れ河床流れおよび円弧管の流体力　*20*
        2.4.1　角折れ河床流れ　*21*
        2.4.2　内圧 p を有する管円弧部の水圧および水圧力　*23*

3. **流体関連振動**　*25*
    3.1　堰ゲートの潜り下端放流の限界開度　*25*
        3.1.1　流れ場の基礎式　*26*
        3.1.2　微小開度について　*29*

    3.2　堰ゲートからの潜り下端放流—その1　*32*
        3.2.1　流体関連振動の解析　*32*
        3.2.2　水中固有振動数の計算例　*34*

3.2.3　吊りワイヤロープ振動　*36*
　　　3.2.4　計測結果のまとめ　*37*
　　　3.2.5　限界開度　*38*
　3.3　堰ゲートからの越流および潜り下端放流—その2　*38*
　　　3.3.1　流体関連振動の解析　*38*
　　　3.3.2　例題としてのゲート流体振動　*48*
　　　3.3.3　まとめ　*51*
　3.4　ライジングセクタゲートからの越流　*51*
　　　3.4.1　経　　緯　*51*
　　　3.4.2　関 係 式　*52*
　　　3.4.3　段落ち水脈変動と段落ち部空気層との共鳴　*54*
　　　3.4.4　数値解析　*55*
　3.5　扉間漏水　*56*
　　　3.5.1　扉間漏水に伴う振動　*56*
　　　3.5.2　扉間漏水による非定常流体力　*56*
　　　3.5.3　扉間漏水による振動事例　*58*
　3.6　振動現象の評価法　*61*

参考文献　*65*
あとがき　*67*
索　　引　*69*

1. 堰ゲート

　堰ゲートの役割は，洪水の安全な流下のための治水，既得用水の安定な取水のための利水，さらには河川環境の保全，向上である．

　河口に設置される鋼製の可動堰には，洪水調節用の越流型制水ゲートと河川環境用の2段式調節ゲートがある．堰止めによって水位を上げ，上流側での水の貯留，用水路等への取水を容易にし，さらには下流側からの海水の逆流を防止する．また，魚道等の設備も併設され，水生生物等の生態系への配慮がなされている．

　代表的な鋼製の引上げ堰ゲートには，図1-1に示す洪水調節用の越流型制水ゲート，図1-2に示す河川環境用の2段式調節ゲートがある．河川の規模にもよるが，堰ゲートは，通常，2段式調節ゲートが1門，他は越流型制水ゲートで構成される．特殊な例では，全門が2段式調節ゲートの場合もある．

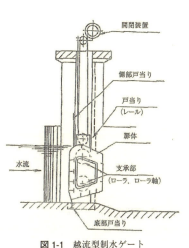

図1-1　越流型制水ゲート

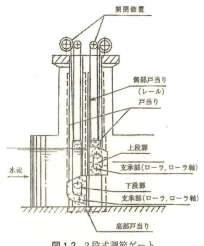

図1-2　2段式調節ゲート

2. 水理解析

2.1 円弧面（起伏ゲート）からの越流水脈

2.1.1 解析法

円弧面を越流する水脈の水理解析では，遠心力と重力加速度，また，円弧面で剥離する水脈については，落体の運動を考慮する．

解析は，円弧面の頂点を原点として，微小角に挟まれた区間についての逐次計算法で円弧面の下流域に沿って解析を進める．

2.1.2 座標系

越流水脈が円弧面を流動する場合の座標系を図2-1に，越流水脈が円弧面から剥離し落水脈（ナップ）となる時の座標系を図2-2に示す．

2.1.3 記号と意味

表2-1は，図2-1に対応する解析に使用する記号と意味を示す．
表2-2は，図2-2に対応する流れの解析に使用する記号と意味を示す．

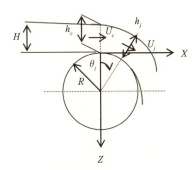

図2-1 円弧面上の水脈の座標系

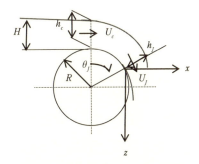

図2-2 円弧面で剥離する水脈の座標系

4　2. 水理解析

表 2-1　記号と意味

記　号	意　味(図 2-1 に対応)
X	円弧頂を原点とする X 軸
Z	円弧頂を原点とする Z 軸
R	円弧半径
H	越流水深
h_c	限界水深(開水路流れのエネルギー最小点で,フルード数 $F_R=1$)
U_c	限界流速(開水路流れのエネルギー最小点で,フルード数 $F_R=1$ となる流速)
h_j	j 区間での水脈の水深
U_j	j 区間での水脈の流速
θ_j	微小区間の角度

表 2-2　記号と意味

記　号	意　味(図 2-2 に対応)
x	円弧面で水脈が剥離する点を原点とする x 軸
z	円弧面で水脈が剥離する点を原点とする z 軸
R	円弧半径
H	越流水深
h_c	限界水深(開水路流れのエネルギー最小点で,フルード数 $F_R=1$)
U_c	限界流速(開水路流れのエネルギー最小点で,フルード数 $F_R=1$ となる流速)
h_J	剥離点 J 区間での水脈の水深
U_J	剥離点 J 区間での水脈の流速
θ_J	剥離点 J 区間の角度

2.1.4　水理解析

(1)　円弧面の水脈解析

円弧面に沿っての水脈の解析には,開水路流れに関する関係式と円弧曲面による遠心力等を考慮する.

越流水深 H が円弧面に沿って流動する場合,以下の関係を適用する.

a. 円弧頂での限界水深 h_c,限界流速 U_c の計算　　限界水深 h_c は,開水路の関係式 $H=U^2/2g+h$ ($U=Q/h$,Q:単位幅当りの流量)を H,h,Q を含む関係に置き,h で偏微分する $\partial/\partial h(Hh^2) = \partial/\partial h(h^3) + \partial/\partial h(Q^2/2g)$,$\partial/\partial h(Q^2/2g)=0$.ここで,$h=h_c$ と置くと,

$$2Hh_c = 3h_c^2 \to h_c = \frac{2H}{3} \tag{2-1}$$

円弧頂点では，開水路流れのフルード数 $F_R = 1 \left(\equiv U_c / \sqrt{g h_c} \right)$ の関係から，

$$1 = \frac{U_c}{\sqrt{g h_c}} \to U_c = \sqrt{g h_c} \to U_c = g^{1/2} \left(\frac{2H}{3} \right)^{1/2} \tag{2-2}$$

b. 円弧頂を通過する流量（単位幅当り）[限界流量 $Q_c (= h_c U_c)$]の連続性

$$Q_c = U_c h_c = g^{1/2} \left(\frac{2H}{3} \right)^{3/2} \tag{2-3}$$

c. 円弧面上の開水路としての流動計算　文献[1]に記載されているように，式(2-3)の流量が円弧面上を流動する場合（区間 $j = 1, 2, 3 \cdots$）もマニング式が適用できるものとする．

$$U_j = \frac{m^{2/3} i^{1/2}}{n} \tag{2-4}$$

ここで，流体平均深さ $m : (h_j B)/(B + 2h_j) \to m = h_j [1/(1 + 2h_j/B)]$（計算では，$B = 1$ とする），円弧上の区間 j の勾配 i_j は，$i_j = \tan \phi_j$，$\phi_j = \tan^{-1}[(1 - \cos \theta_j)/\sin \theta_j]$，$n = 0.01$[滑らかな金属面（塗装）と想定]である．

式(2-3), (2-4)をもとに，開水路での流量の連続性から，

$$g^{1/2} \left(\frac{2H}{3} \right)^{3/2} = \left[h_j^{5/3} \left\{ \frac{1}{1 + 2h_j/B} \right\}^{2/3} i_j^{1/2} \right] \bigg/ n \tag{2-5}$$

ここで，H：越流水深，h_j：区間 j の水脈水深，B：幅，$B = 1$ とする．

式(2-4)から区間 $j(1,2,3\cdots)$ についての水深 h_j が計算され，流量の連続性から流速 U_j も計算される．

d. 円弧面での水脈剥離の判定　水脈剥離に対する計算は，**図 2-3** および式(2-6), (2-7)に示すように水脈の遠心力（単位幅当り）と重力加速度（単位幅当り）の関係を用いる．さらに，区間角 $\theta_j (j = 1, 2, 3\cdots)$ と式(2-8) α_j から $\theta_j + \alpha_j = 90°$ となれば，円弧面で剥離が発生し，$\theta_j + \alpha_j < 90°$ であれば，水脈は円弧面に沿って流動すると判定する．

6　2. 水理解析

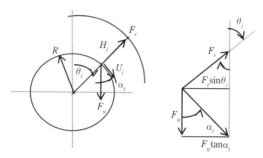

図 2-3　円弧上の水脈の遠心力と重力加速度の関係

区間 j に作用する遠心力を F_{rj},重力加速度を F_{gj} とすると,

$$F_{rj} = \rho h_j R \theta_j \left(\frac{U_j^2}{R} \right) \tag{2-6}$$

$$F_{gj} = \rho h_j R \theta_j g \tag{2-7}$$

図 2-3 の関係から,

$$F_{gj} \tan \alpha_j = F_{rj} \sin \theta_j \quad \rightarrow \quad \alpha_j = \tan^{-1}\left[\left(\frac{F_{rj}}{F_{gj}} \right) \sin \theta_j \right] \tag{2-8}$$

ここで,F_{rj}/F_{gj} は,式(2-6),(2-7)から $F_{rj}/F_{gj} = U_j^2/gR$ となる.

(2) 円弧面で剥離する落水脈

区間 $J(J=1, 2, 3, \cdots)$ で $\theta_J + \alpha_J = 90°$ を満たせば,この区間から水脈は円弧面から剥離し落水脈となって放流される.図 2-4 に示す座標系に基づいて落水脈(ナップ)の落体の運動を求め,水脈の軌跡を計算する.

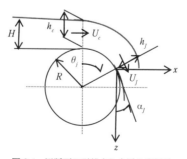

図 2-4　円弧面の剥離する水脈の座標系

落水脈の上端および下端の軌跡は，落水の初期条件 $t=0$ での座標（剥離点）が異なるが，基本式は同類である．

$$\dot{x} = U_J \sin\alpha_J \quad \to \quad x = U_J t \sin\alpha_J + C_1 \tag{2-9-1}$$

$$\dot{z} = gt + U_J \cos\alpha_J \quad \to \quad z = \frac{1}{2}gt^2 + U_J t \cos\alpha_J + C_2 \tag{2-9-2}$$

初期条件 $t=0$ で，水脈下端の X, Z 座標系に対して，$x = -R\sin\theta_J$, $z = -R(1-\cos\theta_J)$ を式(2-9)に代入し，さらに式(2-9-1)から t の関係を求め，式(2-9-2)に代入すると，

$$z = \frac{1}{2}g\left(\frac{x + R\sin\theta_J}{U_J \sin\alpha_J}\right)^2 + U_J\left(\frac{x + R\sin\theta_J}{U_J \sin\alpha_J}\right) - R(1-\cos\theta_J) \tag{2-10}$$

一方，水脈上端の X, Z 座標系に対して，$x = -(R+h_j)\sin\theta_J$, $z = -(R+h_j)\cos\theta_J$ を式(2-9)に代入すると，式(2-10)と同類の式が得られる．

$$z = \frac{1}{2}g\left[\frac{x + (R+h_J)\sin\theta_J}{U_J \sin\alpha_J}\right]^2 + U_J\left[\frac{x + (R+h_J)\sin\theta_J}{U_J \sin\alpha_J}\right] - (R+h_J)\cos\theta_J \tag{2-11}$$

2.1.5 数値解析の結果

a. 円弧面での剥離判定　式(2-8)の α_j と $\theta_j + \alpha_j = 90°$ の条件から，剥離判定した結果，$\theta_j = 35°$ より円弧面からの剥離が発生する．

b. 円弧面上の水脈　計算された水脈水深を表 2-3 に示す．

表 2-3　円弧面での水脈水深

j	$\theta_j(°)$	h_j(m)	備　考
$-\infty$		0.400	越流水深
0	0	0.267	限界水深
1	15	0.185	
2	30	0.154	円弧面上の水脈
3	35	0.145	

表 2-3 の結果を図 2-5 に示す．

計算された落水脈の軌跡を表 2-4 に示す．

2. 水理解析

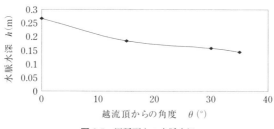

図 2-5　円弧面上の水脈水深

表 2-4　下端および上端水脈の落水軌跡

X(m)	0.189	0.289	0.339	0.389	0.439	0.489	0.539	0.589	0.639	0.689	0.739	0.789
下端 Z(m)	0.060	0.139	0.185	0.235	0.291	0.350	0.415	0.483	0.557	0.634	0.717	0.803
X(m)	0.272	0.372	0.422	0.472	0.522	0.572	0.622	0.672	0.722	0.772	0.822	0.872
上端 Z(m)	−0.059	0.020	0.066	0.117	0.172	0.232	0.296	0.365	0.438	0.516	0.598	0.685

c. 円弧面上の水脈の軌跡　表 2-4 の計算された結果を示した概略図が図 2-6 の落水脈の軌跡である．

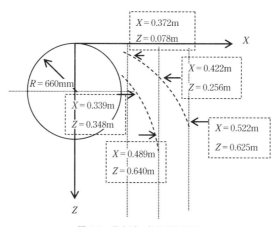

図 2-6　落水脈の軌跡（概略図）

2.1.6 円弧頂点から約 65°下流に受桁のある越流水脈

(1) 解 析 法

この条件は，円弧頂点から約 65°下流にスクリーン受桁(山形鋼)が存在し，剥離点($\theta_J=35°$)後の水脈流動に大きな影響を与えていることを考慮した解析となる．

この解析のための水脈の軌跡を円弧，受桁を含む図形から，受桁の水平面からの傾斜角 10°，剥離点(35°)と受桁頂点(R 止まり)を結ぶ線の水平面との傾斜角 30°を設定し，さらに受桁からの水流の放出角 $\theta_0=20°[=(30-10)]$ と設定(やや大きな仮定)する．設定された条件に基づいて受桁を起点とした落水脈の軌跡を算定する．

a. 座標系 図 2-7 は，上記に示した設定条件を示す．設定された放出角 $\theta_0=20°$ および流速 U_0 の起点を x, z 座標，剥離点 $\theta_J=35°$ と受桁間の位置水頭 Δz，落水脈の軌跡の座標系を X, Z とする．

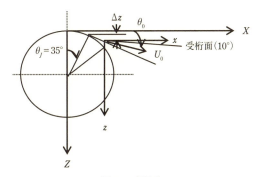

図 2-7 座標系

b. 関係式 図 2-7 に示す流れ場で，剥離点 $\theta_J=35°$ 点の流速 U_J，水深 h_J，および受桁面で設定された放出角 $\theta_0=20°$ 点の越流水の流速 U_0，水深 h_0 と落水脈の軌跡についての関係は，以下のようになる．

① 流速 U_0 の計算

$$\frac{U_J^{\;2}}{2g}=\frac{U_0^{\;2}}{2g}-\Delta z \qquad U_0=U_J\sqrt{1+\frac{2g\Delta z}{U_J^{\;2}}} \tag{2-12}$$

② 水深 h_0 の計算

$$U_J h_J = U_0 h_0 \qquad h_0 = \left(\frac{U_J}{U_0}\right) h_J \tag{2-13}$$

③ 落水脈の軌跡

$$z = \frac{g}{2}\left[\frac{x}{U_0 \cos\theta_0}\right]^2 + U_0\left[\frac{x}{U_0 \cos\theta_0}\right]\sin\theta_0 \tag{2-14}$$

(2) 数値解析

a. 計算条件　剥離点 $\theta_J = 35°$ 点の水深 h_J，流速 U_J および放出角 $\theta_0 = 20°$ 点の落水脈の初期座標系についての条件を**表 2-5** に示す．

表 2-5

水深 h_J(m)	流速 U_J(m/s)	x_0(上)(m)	z_0(上)(m)	x_0(下)(m)	z_0(下)(m)
0.145	2.844	0.428	0.043	0.355	0.160

b. 計算結果

① 越流水　式(2-13)と**表 2-5** の計算条件を用いて越流水の水深 h_0，流速 U_0 を求めると，**表 2-6** のようになる．

表 2-6

水深 h_0(m)	流速 U_0(m/s)
0.142	2.885

② 落水脈の軌跡　式(2-14)から算出された落水脈の軌跡の座標系を示すと，**表 2-7** のようになる．

表 2-7

下端 X(m)	0.355	0.455	0.505	0.555	0.605	0.665	0.705	0.755	0.805	0.855	0.905	0.955
下端 Z(m)	0.160	0.203	0.230	0.259	0.293	0.329	0.369	0.412	0.459	0.509	0.562	0.618
上端 X(m)	0.428	0.528	0.578	0.628	0.678	0.728	0.778	0.828	0.878	0.928	0.978	1.028
上端 Z(m)	0.043	0.086	0.113	0.142	0.176	0.212	0.252	0.295	0.342	0.392	0.445	0.501

③ 落水脈の軌跡　この解析では，やや大きな仮定に基づいて落水脈の軌跡を計算している．軌跡図の概要を**図 2-8** に示すが，受桁の影響が大きく，落

水脈の上端はシュート上面から約 8 cm 程度下方となる．なお，参考のために受桁のない 2.1.1［円弧面（起伏ゲート）からの越流水脈］では，落水脈の上端はシュート上面から約 28 cm 程度下方となる．

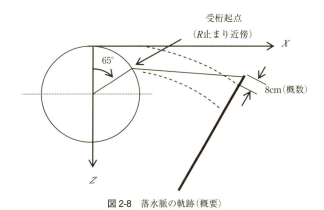

図 2-8　落水脈の軌跡(概要)

2.2　円弧面(起伏ゲート)の上流水面形

2.1［円弧面（起伏ゲート）からの越流水脈］は，下流側の射流域での水理解析であるが，ここでは，常流域での水理解析となる．

2.2.1　解 析 法

(1)　座 標 系

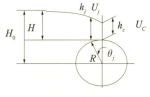

図 2-9　座標系

(2)　関 係 式
エネルギー式

$$H_0 = \frac{U_c^2}{2g} + h_c + R = \frac{U_j^2}{2g} + h_j + R\cos\theta_j \tag{2-15}$$

流量の連続式

$$U_j h_j = U_c h_c \tag{2-16}$$

式(2-15), (2-16) より,

$$h_j^3 - A h_j^2 + B = 0 \tag{2-17}$$

ここで, $A : [(1/2g) U_c^2 + h_c + R(1 - \cos\theta_j)]$, $B : (1/2g) h_c^2 U_c^2$, $h_c : 2H/3$, $U_c = g^{1/2} (2H/3)^{1/2}$, H : 越流水深である.

式(2-14)から $h_j (j = 1, 2, \cdots\cdots)$ を数値的に求める.

2.2.2 数値計算

a. 計算条件　表 2-8 に示す.

表 2-8　計算条件

(越流水深 $H = 0.4$ m, 円弧半径 $R = 0.3302$ m)

j	0	1	2	3	4	5	6
$\theta_j(°)$	0	15	30	45	60	75	90

b. 結果　円弧頂から上流側の水脈を表 2-9 に示す.

表 2-9　円弧頂から上流側の水脈

$\theta_j(°)$	0	15	30	45	60	75	90
h_j(m)	0.267	0.306	0.334	0.363	0.367	0.376	0.381

表 2-9 を図で示すと, 図 2-10 のようになる.

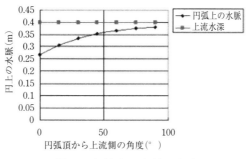

図 2-10　円弧頂から上流側の水脈

2.3 段落ちを有する斜路流れの水脈

2.3.1 斜路流れの水脈変動

(1) 段落ちを有す斜路流れ

段落ちを有す斜路流れの一例としての縦断面を図 2-11 に示す．

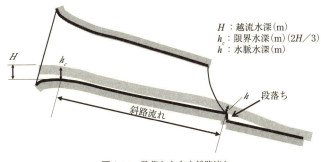

図 2-11 段落ちを有す斜路流れ

(2) 斜路流れの水脈変動例

　段落ちを有する斜路流れの水脈変動は，堰ゲート越流水の現象と同様にきわめて薄い水脈の時に発生する条件で，段落ち近傍の水脈表面には水波(峰と谷)と見られる波紋が認められる．

　段落ちを有する斜路流れの水脈変動は，現地測定の結果によれば，段落ち部と繋がっている給気管内の風速変動を誘発し，給気管では1次，2次，3次の気柱振動(開-開)とゲート室では基本次数(1次)となる．図 2-11 に示す段落ちを有する斜路で得られた水脈変動の振動数は，10 Hz で，音圧レベル 120 dB 強の超低周波音(約 20 Hz 以下)に属し，段落ち部からゲート室へ，さらに監査廊へと広範囲に伝播して，人体への影響のほか，ダム付帯設備であるエレベータの運用にも影響する．この種の水脈変動は，堰ゲートの越流水の変動防止に設置されるスポイラの設置が有効であり，水路幅が狭いので，水路中央1箇所で十分である．これは，水脈と段落ち部を囲む空気層をスパン方向に分断することにある．

ここでは，段落ちを有する斜路流れの水脈変動が発生する要因を検討するための水理解析を実施する．

2.3.2 関係式

(1) 段落ち部の水脈の水深および流速

斜路流れの段落ち部の水脈変動は，以下に示す水理解析から振動特性を評価する．なお，水理解析は，2.1.1 と類似の誘導法となるが，事象ごとに記述するため重複する場合がある．

最初に，段落ち部の水脈の水深を推定する．推定法は，開水路流れの基本的な考え方である＜ベルマウス越流部の越流量＝段落ち部を通過する流量＞の連続条件を適用する．

越流部の限界水深となる点では，$F_r = U_c/(g h_c)^{1/2} \to F_r = 1$（射流条件）$\to U_c = (g h_c)^{1/2}$ で与えられ，越流量 Q_c は，以下のようになる．

$$Q_c = U_c h_c B_c \tag{2-18}$$

ここで，$h_c = 2H/3$，H：越流水深＝ダム水位(EL.) − 放流管ベルマウス頂部のEL.，B_c：ベルマウス越流部幅（平均幅）である．

段落ち部を通過する流量 Q は，以下のようになる．

$$Q = U h B \tag{2-19}$$

ここで，マニング式の適用，$U = (R^{2/3} I^{1/2})/n$，$R = (Bh)/(2h+B) \fallingdotseq h[1-(2h/B)]$ とする．以下に示す関係式は，既に 2.1.4(1)b. で示されているが，再度記述する．なお，U：段落ち部を通過する水脈の平均流速で，マニング式を適用すると，R：流体平均深さ，I：放流管の勾配，n：マニング係数，B：段落ち部の水路幅である．

$$g^{1/2} h_c^{3/2} B_c = h \left[h^{2/3} \left(1 - \frac{2h}{B} \right)^{2/3} \right] B \quad \to \quad g^{1/2} h_c^{3/2} = \left[\frac{h^{5/3} \left(1 - \frac{2h}{B} \right)^{2/3} I^{1/2}}{n} \right] \left(\frac{B}{B_c} \right)$$

$$\tag{2-20}$$

式(2-20)にダム水位 $H \to$ 限界水深 h_c，水路幅(B_c, B)，重力加速度 g を与え，マニング係数 n が 0.010 〜 0.014（鋼板面）を満たす水脈の水深 h を算定する．

次に，段落ち部の水脈の流速 U は，マニング式から評価される．

$$U = \frac{R^{2/3} I^{1/2}}{n} \tag{2-21}$$

(2) 段落ち部の水脈振動数

a. 落水脈による振動 落水脈の振動数は，以下の関係から算定される[2]．振動数は，$fT = m + 1/4$（T：水脈の落下時間，m：1, 2, 3, …）で与えられ，Tを求めて代入すると［（Tの誘導法は，3.3.1 ② 2）に詳述］，

$$f = \frac{m + 1/4}{-\dfrac{U\sin\theta}{g'} + \left[\left(\dfrac{U\sin\theta}{g'}\right)^2 + \dfrac{2z_0}{g'}\right]^{1/2}} \tag{2-22}$$

ここで，U：段落ち部を通過する水脈の平均流速，θ：段落ち部を通過する水脈勾配［放流管の勾配（角度）］，z_0：水脈の落下距離（着床点）である．

b. 水波現象による水脈振動 この関係式は，放水路ベルマウスの越流点の上流部の常流（$F_r < 1$）の水波と下流部の射流（$F_r \geq 1$）の水波から誘導されるもので，以下のようになる．

ここに示す関係式は，越流部に適用できるもので，段落ち部での現象にはやや問題があると思われるが，参考のために示す．

$$振動数 f = \frac{1}{2}\pi \left(\frac{g}{h}\right)^{1/2} \tag{2-23}$$

ここで，g：重力加速度，h：段落ち部を通過する水脈の水深である．

2.3.3 計算結果

2.3.2 の関係式に一例題として**表 2-10** の条件を用いて計算した結果を**表 2-11**に示す．

表 2-10　水脈振動の計算条件

項　目	条件値	備　考
越流水深(m)	0.6	一例題
水路上流側斜度(deg.)	12.1	
段落ち部水路幅(m)	2.7	
ベルマウス越流部平均幅(m)	2.36	
マニング係数	0.0141	鋼板面

表 2-11 水脈振動の計算結果

段落ち部水脈水深(m)	落水脈による水脈振動数(Hz)	水波現象による水脈振動数(Hz)
0.10	8.34	1.58
0.15	9.57	1.29
0.20	10.64	1.11
0.25	11.56	1.00
0.30	12.35	0.91

2.3.4 音響特性

水脈変動から誘起される音響の検討では，給気管，監査廊，段落ち部を取り上げ，設備および各部位の音についての応答特性を評価する．

図 2-11 の水脈変動は，越流から斜路流れとなる領域で発生し，薄い水脈形成に起因するのできわめて狭い範囲である．

この水脈変動よる振動は，振動数が 10 Hz 程度と超低周波音に属し，しかも音圧が 120 dB 強であるので人体に対する影響はもちろんのこと，ダム付帯設備であるエレベータの運用にも影響する．また，超低周波音（長波長の音波で，減衰し難い）であるためダム監査廊全域にわたり音が伝搬する．

(1) 関 係 式

ここでは，超低周波音の伝搬に基づく音響特性（応答特性）を検討するため，ゲート設備である給気管，ゲート室を含む監査廊，斜路流れ段落ち部を取り上げる．

音響特性は気柱振動の解析となり，ここでは，気柱振動を誘起する有効長さと閉 - 開の管末条件の設定となる．閉 - 開の管末条件の設定は，音圧透過 - 反射係数の算定となるが，音のインピーダンスがもとになるので，解析する場の粒子速度が必要である．

場の粒子速度は，給気管では与えることができるが，監査廊では困難であるなどの理由から，ここでは，同じアナロジで解析されているダム水撃圧作用での水撃圧の透過 - 反射係数を音圧の透過 - 反射係数の評価に採用する．透過 - 反射係数の一般式は，以下のように与えられる[3]．

2.3 段落ちを有する斜路流れの水脈

透過係数

$$s = \frac{2A_i}{\sum_j A_j} \qquad j = 1, 2, \cdots \tag{2-24}$$

反射係数

$$r = s - 1 \tag{2-25}$$

ここで，A_i：評価部位の断面積，$\Sigma_j A_j$：評価部位を含むすべての部位の断面積の総和である．

図2-12に従えば，①管末が開条件であれば，$s=0$，$r=-1$，②管末が閉条件であれば，$s=2$，$r=+1$となる．

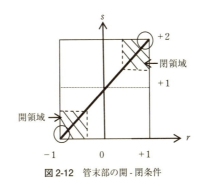

図2-12　管末部の開-閉条件

a. 給気管　　給気管では，主管部，主管分岐部から下流へのゲート室と段落ち部へ分岐する．給気管については，各部位の断面積をもとに透過-反射係数を算定する．

気柱振動数は，式(2-24), (2-25)から評価された長さおよび管末条件から図2-13に示すように振動数が算定される．ここで，音速Cは340.5m/sとする．

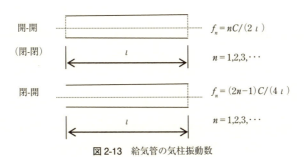

図2-13　給気管の気柱振動数

b. 監査廊　　監査廊での気柱振動数の計算は，監査廊の形状が直方体である影響を加味した評価をする．端末が開 - 開(閉 - 閉)の場合の気柱振動数は図 2-14 に示す関係式から算定する[4]．

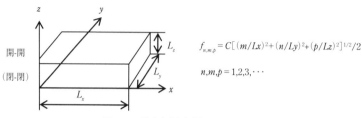

開-開
(閉-閉)

$f_{n,m,p} = C[(m/Lx)^2 + (n/Ly)^2 + (p/Lz)^2]^{1/2}/2$

$n, m, p = 1, 2, 3, \cdots$

図 2-14　監査廊(直方体)の気柱振動数

c. 段落ち部　　段落ち部の気柱振動は，水脈で囲まれた空気層と給気管からなる系と水脈で囲まれた水路内についての計算となる．

① 水脈で囲まれた空気層と給気管からなる系　　この系は，水脈で囲まれた空気層の容積が関係するもので，Helmholtz 型の振動モデルとなり，図 2-15 に示す関係式から算定する[4]．

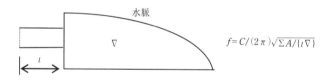

$f = C/(2\pi)\sqrt{\Sigma A/\{l \nabla\}}$

ΣA：給気管の断面積の総和(左右給気管を考慮)
l：給気管の長さ
∇：段落ち部空間の総体積(底部戸当り空間部＋水脈で囲まれた空気層の体積)

図 2-15　Helmholtz 型の振動モデル

② 水脈で囲まれた水路系　　段落ち部の端末の空気箱では，閉 - 閉の系で気柱振動数は，図 2-16 に示す関係式から算定される．

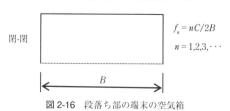

閉-閉

$f_n = nC/2B$

$n = 1, 2, 3, \cdots$

図 2-16　段落ち部の端末の空気箱

(2) 計算結果

a. 給気管　給気管の評価区間は，給気口から左右分岐管，機械室-下部戸当り部(段落ち部)分岐，そして各給気部(機械室，段落ち部)までの系を対象として，各断面変化部を境界とした評価を**図2-12**に従って設定した．

評価区間における端末判定結果から，全評価区間において「開」となっており，ゲート室から給気口までの長さとなる1本の配管として共鳴することになる．

したがって，**図2-13**に示す式 $nC/2\iota$ から1次モード($n=1$)で5Hz程度の固有振動を持った配管であることがわかる．一方，段落ち部から主管までの系も共鳴の評価対象として長さが存在し，1次モード($n=1$)では18Hz程度の固有振動を持った配管となる．

b. 監査廊　監査廊の評価区間は，ダム監査廊2Fにおける機械室入口以降右岸側を対象とし，各断面変化部を境界とした評価区間は，**図2-12**に従って設定した．

評価区間における境界条件判定結果から，端末判定結果は「開-開」，「閉-閉」のどちらかであり，**図2-14**に示す監査廊の関係式を用いて各区画の固有振動数が計算できる．

計算結果によれば，監査廊の各区画における固有振動数は60〜123Hz程度であり，共振周波数10Hz程度とは離れており，応答における共振(共鳴)はないものと考えられる．

c. 段落ち部　**図2-15**の"水脈に囲まれた空気層と給気管からなる系"について，Helmholtzの式を用いる場合の条件を**表2-12**に示す．

表2-12　一例題とした計算条件

項　目	条　件	備　考
ベルマウス部斜度	12度	一例題
段落ち内風速	6.5m	
Manning 係数	0.141	
給気管長さ ι	9.19m	
給気管断面積 ΣA	0.09m^2	
音速 C	340.5m/s	

表2-12に示す条件のもとに計算されたHelmholtzの振動数は，**表2-13**に示すように段落ち水深0.10〜0.30mの間で10Hz程度の値となり，測定結果と一致

していることがわかる．このことから見て，段落ち部の水脈変動に伴う振動・騒音は"水脈に囲まれた空気層と給気管からなる系"が主原因であることが確認される．

表 2-13 水脈に囲まれた気層と給気管からなる系の振動数

段落ち水位(m)	段落ち流速(m/s)	振動数(Hz)		
		Helmholtz	水脈振動	水波現象
0.10	7.63	10.80	8.34	1.58
0.15	9.73	10.60	9.57	1.29
0.20	11.46	10.48	10.64	1.11
0.25	12.91	10.41	11.56	1.00
0.30	14.13	10.37	12.35	0.91

2.3.5 まとめ

まとめた結果を表 2-14 に示す．水脈の振動特性（強制力）と段落ち部の音響特性（空気層を含む応答系）の振動数がほぼ一致していることから，斜路流れの超低周波音の発生原因は，これらの共鳴現象であったと考えられる．

段落ちを有する斜路流れの水脈に起因する超低周波音は，きわめて限定された薄い水脈水深でのみ発生するが，常時，このような薄い水脈水深が形成される斜路では要注意である．

表 2-14 段落ち部の水脈の振動特性および音響特性

	水脈の振動特性(強制力)		音響特性(応答系)					
	落下現象による水脈振動	水波による水脈振動	給気管(気柱振動)		段落ち部		監査廊(気柱振動)	
			ゲート室	段落ち部	Helmholtz型	気柱振動	No.1 ゲート室	No.2 ゲート室
振動数(Hz)	10.64	1.11	5.07	18.53	10.48	63.06	57.67	57.67

2.4 角折れ河床流れおよび円弧管の流体力

ここで取り扱う水理現象は，開水路流れ河床および管路形状に対して遠心力を開水路流れに考慮する解法である．この解析は，文献[1]に記載されている曲率半径を有する余水吐面上の圧力計算式に準拠している．

円弧管の流体力では，遠心力を考慮した解法と運動量理論からの解法の対比から結果が同等になること示している．

2.4.1 角折れ河床流れ

文献[1]に示す**図 2-17** に示しているように，角折れ河床流れに対する水理は，角折れ部流れの遠心力を考慮した解析である．

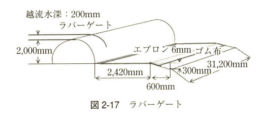

図 2-17 ラバーゲート

(1) エプロン基部(コンクリート造)

エプロン基部(コンクリート造)は，ラバーゲート下流端から水平に 2.42 m，そしてその下流側は，水平に対する角折れ 27°の形状で，表面は厚 6 mm のゴム布でカバーされ，越流水が流下する放流設備となっている．

水理的に問題となるのは，エプロン基部(コンクリート造)が角折れを有する形状(凸)になっていることである．文献[1]に示されているように，流水面に凹凸があると，それに対応する遠心力が働き，凸の箇所では負圧，凹の箇所では正圧となる．

(2) エプロン基部(コンクリート造)に対する水理的考察

エプロン基部(コンクリート造)の表面が厚 6 mm のゴム布でカバーされている場合の角折れ部曲率半径は不明だが，それほど大きな値ではないとの判断のもと，一般論として，エプロン基部(コンクリート造)は曲率半径 R の表面形状とする．

水理的な解析を行うため，エプロン基部(コンクリート造)の表面上の形状，水深，流速等を**図 2-18**, **2-19** のように設定し，角折れ点を内挿する仮想円弧角 θ，仮想曲率半径 R，角折れ点近傍の流速 U，水深 h，流水幅 B，流体密度 ρ とする．

仮想円弧角 θ に囲まれた流水の遠心力(上向き)と，それによる圧[下向き(負圧)]は，

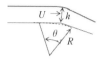
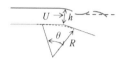

図 2-18 エプロン基部の自由流出 　　図 2-19 エプロン基部の潜り流出

$$F_r = \rho h B R \theta \left(\frac{U^2}{R}\right) \quad \text{(kgf)} \tag{2-26}$$

$$P_r = \rho h \left(\frac{U^2}{R}\right) \quad \text{(kgf/m}^2\text{)} \tag{2-27}$$

次に重力加速度 g による力（下向き）とそれによる圧［下向き（正圧）］は，

$$F_g = \rho h B R \theta g \quad \text{(kgf)} \tag{2-28}$$

$$P_g = \rho g h \quad \text{(kgf/m}^2\text{)} \tag{2-29}$$

式(2-27)，(2-29)より，仮想円弧角 θ に囲まれた部位の差圧 Δp は，

$$\Delta p = -P_r + P_g = \rho h \left[-\left(\frac{U^2}{R}\right) + g\right] \quad \text{(kgf/m}^2\text{)} \tag{2-30}$$

式(2-30)からわかるように，$\Delta p \geq 0$ の条件は，$-(U^2/R)+g \geq 0$ から $(U^2/R) \leq g$ となり，角折れ近傍の表面の圧を正圧にするための仮想曲率半径 R は，次のように設定される．

$$R \geq \frac{U^2}{g} \quad \text{(m)} \tag{2-31}$$

式(2-31)からわかるように，表面圧は R に影響される．仮に，$R \to 0$ とすると，$\Delta p = \infty$（負圧）となる．表面の厚 6 mm のゴム布がきわめて短期間（6 ヶ月）で脱落したことを考慮すると，R が式(2-31)を満たしていないと考えられる．

(3) エプロン基部（コンクリート造）の形状

現状のエプロン基部（コンクリート造）の形状について，放流条件，放流水深，流速等を加味し，式(2-30)より Δp が正圧となるようにする．そのために角折れ部を式(2-31)に示す曲率半径を有する形状とする．

現状とは異なるが，厚 6 mm のゴム布設置範囲をラバーゲート下流端から水平 2.42 m のみとする案もある．

2.4.2 内圧 p を有する管円弧部の水圧および水圧力

円弧を有する圧力管の内径を d, 円弧内側の曲率半径を R とすると, 外側の曲率半径は $(R+d)$ となり, 図 2-20 に示すような座標系となる.

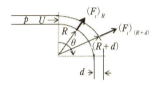

図 2-20　管円弧部の座標

(1) 水　圧

a. 円弧内側の水圧　円弧内側の遠心力による水圧は, 文献 [1] (p.38) に示されているように, 凸面であるため負圧となるが, 円弧内側の水圧は, 管内圧 p (正圧) との和となる.

R 部の遠心力

$$F_{rR} = \rho\left(\frac{\pi d^2}{4}\right) R\theta \left(\frac{U^2}{R}\right) = \rho\left(\frac{\pi d^2}{4}\right) U^2 \theta \tag{2-32}$$

R 部の遠心力による水圧

$$P_{rR} = \frac{F_{rR}}{R\theta d} = \rho\left(\frac{\pi d}{4}\right) U^2 \Big/ R \tag{2-33}$$

管内圧 p (正圧), 遠心力による水圧 (負圧)

$$P_R = p - P_{rR} \tag{2-34}$$

b. 円弧外側の水圧　円弧外側の遠心力による水圧は, 文献 [1] (p.8, 38) に示されているように, 凸面であるため正圧となるが, 円弧外側の水圧は, 管内圧 p (正圧) との和となる.

$(R+d)$ 部の遠心力

$$F_{r(R+d)} = \rho\left(\frac{\pi d^2}{4}\right)(R+d)\theta\left(\frac{U^2}{R+d}\right) = \rho\left(\frac{\pi d^2}{4}\right) U^2 \theta \tag{2-35}$$

$(R+d)$ 部の遠心力による水圧

$$P_{r(R+d)} = \frac{F_{rR}}{(R+d)\theta d} = \rho\left(\frac{\pi d}{4}\right)\left(\frac{U^2}{R+d}\right) \tag{2-36}$$

管内圧 p（正圧），遠心力による水圧（正圧）

$$P_{(R+d)} = p + P_{r(R+d)} \tag{2-37}$$

(2) 水圧力

円弧を含む管に作用する力 F は，運動量の関係から誘導され，流体の密度 ρ，流量 $Q = (\pi d^2/4)U$，入口の偏角 θ_1，出口の偏角 θ_2 とすると，文献[1](p.39)を引用すると次のようになる．ここでは，入口および出口間の圧力項を省略している．

$$F_x = \rho Q U\cos\theta_2 - \rho Q U\cos\theta_1 \tag{2-38-1}$$

$$F_y = \rho Q U\sin\theta_2 - \rho Q U\sin\theta_1 \tag{2-38-2}$$

$$F = \sqrt{F_x^2 + F_y^2} \tag{2-39}$$

式(2-38-1)，(2-38-2)で**図 2-20** の円弧部を設定すると，$\theta_1 = 0°$ から $\cos\theta_1 = 1$，$\sin\theta_1 = 0$ となる．また，$\theta_2 = 90°$ から $\cos\theta_2 = 0$，$\sin\theta_2 = 1$ となる．したがって，式(2-39)から，

$$F = \sqrt{2}\rho QU = \sqrt{2}\rho\left(\frac{\pi d^2}{4}\right)U^2 \tag{2-40}$$

一方，式(2-32)を以下のように**図 2-21** の座標系を考慮すると，水圧力 F_x，F_y は次のようになる．

図 2-21 円弧部を含む管の水圧力の計算

$$F_x = \rho\left(\frac{\pi d^2}{4}\right)U^2 \int_1^{\pi/2} \cos\theta \, d\theta = \rho\left(\frac{\pi d^2}{4}\right)U^2 \tag{2-41-1}$$

$$F_y = \rho\left(\frac{\pi d^2}{4}\right)U^2 \int_0^{\pi/2} \sin\theta \, d\theta = \rho\left(\frac{\pi d^2}{4}\right)U^2 \tag{2-41-2}$$

$$F = \sqrt{F_x^2 + F_y^2} = \sqrt{2}\rho\left(\frac{\pi d^2}{4}\right)U^2 \tag{2-42}$$

3. 流体関連振動

ここでは，堰ゲートの流体関連振動について，潜り流出時の限界開度および実機計測値に基づいて，堰ゲートの水中固有振動数の解析法，越流・落水脈振動や潜り流出渦との連成等を記述する．実機計測については，ここで記述した事例以外も参照している．

3.1 堰ゲートの潜り下端放流の限界開度[5]

各種形式の水門扉は，止水のための水密構造を有している．通常，下部の水密はリップ部で行われ，止水性能を向上させるため水密ゴムが設置されている．そこでは水密ゴムの損傷を避けるための工夫と水密性を向上させるための配慮がなされている．

リップ部底面の形状は，シェル構造や桁構造等のスライド型式の水門扉においては，そのほとんどはスキンプレートに対し直角のフラット面であり，ラジアル型式の水門扉においては，傾斜したフラット面である．

いずれの型式においても，微小開度の条件を考慮すると，リップ底面は，水路面にほぼ平行になっている．

従来，水門扉のリップ部が潜り流出状態になり，しかもリップ底面のフラット部が相対的に長くなる条件下，すなわち微小開度時には水理学的に好ましくない現象が発生する，と報告されている．

一つは，水路面とリップ底面のフラット部との間に一種の短管としての流れ場（short-tube effect）が形成され，キャビテーション等の発生が懸念される，と言われている．この場合，水門扉の微小開度がリップ底面のフラット部の幅の1/2以下にならないようにすべきとの制限が設けられている[6]．

もう一つは，リップ底面のフラット部では流れの剥離と周期的再付着が生じ，水門扉の振動発生の原因となっている，との報告がある．ある実験では，水門扉の開度がリップのフラット面の幅の約 0.7 で最大振動振幅が発生し，約 0.3 以下では流れの剥離と周期的再付着が顕著に現れ，約 1.3 以上になるとこの種の流れの不安定現象が極端に弱くなってくる，とされている．実用的な事柄を勘案すると，リップのフラット面の幅を微小開度の制限域と設定するのがよい，と報告されている[7]．

また，他の実験おいては，リップ底面のフラット面が直角であっても，45°傾斜していても，微小開度では，流れの剥離と周期的再付着が生じ，振動の発生することを示している[8]．

さらに，微小開度放流でなくても，リップ部が完全に潜り流出状態であれば，背水域の流れの不連続面に渦列が生じ，微小開度放流とは趣を異にする渦流出に起因した流れの不安定現象が発生することも報告されている[9]．

以上のように水門扉の振動に及ぼす微小開度の影響についての研究を列記したが，いまだに流れの不安定現象の発生メカニズムは明確にされていないのが現状である．

本節では，潜り流出する微小開度時を対象に流れの基礎方程式であるベルヌーィの定理を誘導し，微小開度時の振動に及ぼす流れの不安定現象である変動圧の発生メカニズムについてある程度説明できる結果についてその概要を記述する．

3.1.1 流れ場の基礎式

(1) 座標系と仮定

基礎式を誘導するための座標系を図 3-1 に示す．また，仮定は，次のようである．
① 一次元流れ場とする．
② 理想流体として取り扱い，流れの剥離，渦発生は生じない．

(2) 基 礎 式

ここで，図 3-1 のリップ部の座標系に従い，a_1：上流側での開度，$\bar{U}_1$：その領域での平均流速，u_1：変動流速，p_1：圧力，d_1：リップの幅，a_2：下流側での

3.1 堰ゲートの潜り下端放流の限界開度 27

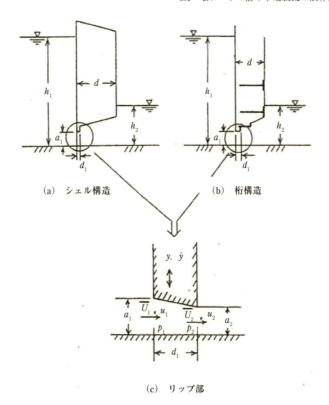

(a) シェル構造   (b) 桁構造

(c) リップ部

図 3-1 座標系

開度,$\bar{U}_2$：その領域での平均流速,u_2：変動流速,p_2：圧力,y：上下の振動振幅,$\dot{y}$：上下の振動速度である.

連続の式は,

$$(a_1+y)(\bar{U}_1+u_1) + d_1\dot{y} + (a_2+y)(\bar{U}_2+u_2) = 0 \tag{3-1}$$

となり,$y=\dot{y}=0$の定常状態を考えると,式(3-1)は次のようになる.

$$\bar{U}_1 a_1 + \bar{U}_2 a_2 = 0 \qquad (\bar{Q} \equiv \bar{U}_1 a_1 = \bar{U}_2 a_2) \tag{3-2}$$

次に$u_1 \simeq u_2 = u$,$y \ll a_1 \simeq a_2$,$u \ll \bar{U}_1 \simeq \bar{U}_2$,さらに時間平均操作および式(3-2)からの$\bar{U}_1 = \bar{Q}/a_1$と$\bar{U}_2 = \bar{Q}/a_2$の関係を式(3-1)に用いると,$u$についての近似式は,次のように与えられる.

$$u = -\left(\frac{\bar{Q}}{a_1 a_2} y + \frac{d_1}{a_1 + a_2} \dot{y}\right) \tag{3-3}$$

圧力 p_2 に関する式は，

$$\rho \frac{\partial \phi}{\partial t} + \frac{\rho}{2}(\bar{U}_2 + u)^2 + p_2 = \text{const.} \tag{3-4}$$

で与えられ，式(3-4)に式(3-3)を代入し，微小項を省略して $p_2 = \bar{p}_2 + \tilde{p}_2$ の関係から，定常圧 $\bar{p}_2$ と変動圧 $\tilde{p}_2$ を示すと，次のようになる．

$$\bar{p}_2 \simeq -\frac{\rho}{2}\left(\frac{\bar{Q}}{a_2}\right)^2 \tag{3-5}$$

$$\tilde{p}_2 = -\rho \frac{\partial \phi}{\partial t} + \rho \left(\frac{\bar{Q}}{a_2}\right)\left(\frac{\bar{Q}}{a_1 a_2}\right) y + \rho \left(\frac{\bar{Q}}{a_2}\right)\left(\frac{d_1}{a_1 + a_2}\right) \dot{y} \tag{3-6}$$

ここで，$\rho(\partial\phi/\partial t)$：水門扉の付加水質量となる項，$\rho(\bar{Q}/a_2)(\bar{Q}/a_1 a_2)y$：水門扉の復元力となる項，$\rho(\bar{Q}/a_2)[d_1/(a_1+a_2)]\dot{y}$：水門扉の減衰力となる項である．

式(3-6)は変動圧を与える関係式であり，もし水門扉が上下に完全に拘束され，$y = \dot{y} = 0$ なる条件を満たせば，微小開度におけるこの種の水理学的な不安定現象は発生しなくなる．

実際の水門扉構造を考えると，$y = \dot{y} = 0$ なる理想系は成立せず，$y \neq 0$，$\dot{y} \neq 0$ となり，式(3-6)で示される変動圧が生じることになる．

式(3-6)において減衰力の項 $\rho(\bar{Q}/a_2)\dot{y}$ を一定としても，$d_1/(a_1 + a_2)$ の係数があり，$(a_1 + a_2) < d_1$ の領域で $\tilde{p}_2$ が飛躍的に増加し，微小開度での流れの不安定現象が発生することを示している．

シェル構造型式の水門扉でスキンプレートが上流側に配置された場合は，変動圧 $\tilde{p}_2$ がゲート幅 d にまで及び，上下方向の振動現象の発生の原因となる．

すなわち，

$$\left[\bar{m} + \int_s \rho\left(\frac{\partial \phi}{\partial t}\right) d_s\right] \ddot{y} + \left[c - \int_r \rho\left(\frac{\bar{Q}}{a_2}\right)\left(\frac{d_1}{a_1 + a_2}\right) d_r\right] \dot{y} +$$

$$\left[k - \int_c \rho\left(\frac{\bar{Q}}{a_2}\right)\left(\frac{\bar{Q}}{a_1 a_2}\right) d_c\right] y = 0 \tag{3-7}$$

ここで，$\bar{m}$，$\int_s \rho(\partial\phi/\partial t)d_s$：単位スパン当りの水門扉の質量と付加水質量，
$\int_r \rho(\bar{Q}/a_2)[d_1/(a_1+a_2)]d_r$：単位スパン当りの水門扉の構造減衰力と流体減衰力，
$\int_c \rho(\bar{Q}/a_2)(\bar{Q}/a_1 a_2)d_c$：単位スパン当りの水門扉の構造復元力と流体復元力で，
$\int_s d_s$，$\int_r d_r$，$\int_c d_c$：それぞれに対応した積分領域を定義したものである．

式(3-7)において，$c - \int_r \rho(\bar{Q}/a_2)[d_1/(a_1+a_2)]d_r < 0$ になる条件下では，上下方向の自励振動が発生することになる[10]．

次に，スキンプレートが下流側に配置された場合には，変動圧 p_2 が背水域へ伝播され，ゲート幅に直接作用しなくなるため，上下方向の振動は発生しなくなる．しかし，変動圧 p_2 がスキンプレート面に直接作用することになるため，前後水平方向の振動に対する検討が必要となる．

一方，桁構造型式の水門扉では，変動圧 p_2 がゲート幅 d にまでは影響が及ばないと思われるので，上下方向の振動はあまり問題とはならないようであるが，前後水平方向の振動を誘起する例はしばしば報告されている．

3.1.2 微小開度について

(1) 水理模型実験による簡単な検討

K水力発電所Sダム排砂門扉を対象に1/10縮尺の両端板バネ支持された剛模型による水理実験を実施し，背水位の高い潜り流出状態の微小開度におけるリップ底面およびリップ背面の圧力変動を計測した．

Sダム排砂門扉は，桁構造のスライド型式の水門扉で，背水位が高く，潜り流出状態で微小開度放流される場合には，前後水平方向の振動の発生が認められた．この種の振動は，ほぼリップ底面のフラット部の幅に相当する微小開度で発生し，明らかに本節で扱う現象に対応している．

水理模型実験は，微小開度のリップ底面に生ずる変動圧 p_2 が水門扉の前後水平方向の振動の原因になっているメカニズムを考察するために行った．結果の一例を図 3-2，3-3 に示す．

図 3-2 は，背水位 h_2 を変化させた場合のリップ底面での変動圧 p_2 の変化を，縦軸に $2a/d_1$，横軸に $p_2/[p_2]_{2a/d_1=1}$ として示している．破線は，式(3-6)で与えられる p_2 の項のうち $\tilde{p}_2 \propto d_1/2a$ [式(3-6)で $a \equiv a_1 = a_2$ と置いている]を示したも

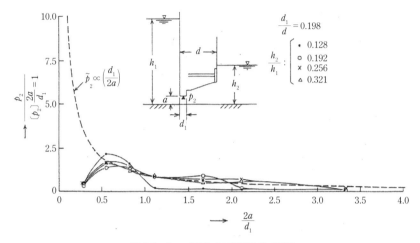

図3-2 リップ底面での変動圧 P_2 の変化

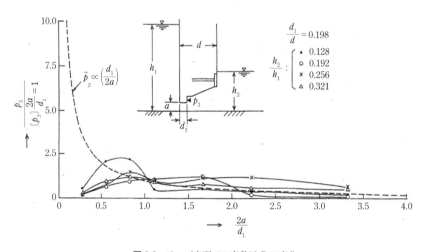

図3-3 リップ底面での変動圧 P_3 の変化

のである.

図 3-3 は,図 3-2 と同様の条件下でのリップ背面での変動圧 p_3 の変化を,横軸に $2a/d_1$,縦軸に $p_3/[p_3]_{2a/d_1=1}$ として示している.破線は,図 3-2 と同様,$\tilde{p}_2 \propto (d_1/2a)$ を示している.

図 3-2, 3-3 とも同じような変動圧のパターンを示しており，変動圧 p_2 と p_3 とに強い相関関係があることが認められた．この結果から，桁構造型式の水門扉では微小開度のリップ底面に生ずる変動圧のため，前後水平方向の振動が発生することが確認された．

図 3-2 から，リップ底面の変動圧 p_2 の傾向は，$2a/d_1>0.5$ の領域で破線の $\tilde{p}_2 \propto d_1/2a$ によく一致し，本節で誘導した考え方を実証している．しかし，$2a/d_1<0.5$ の領域では，本節で検討した基本的考え方（仮定），つまり理想流体としての取扱いに限界があるように思われ，Hardwick[7] が試みたような流れの剥離と再付着を伴う乱流場とした解法が必要かもしれない．また，$1.0<2a/d_1<2.0$ での変動圧 p_2 の低減は，破線の傾向とはならず，全体的に大きな値を示している．

図 3-3 はリップ背面の変動圧 p_3 であり，$1.0<2a/d_1<3.0$ の領域では，破線のような低減傾向とならず，かなり大きな値を示している．

(2) 限界値の設定についての試案

まず，上下方向の振動に対しては，自励振動の様相があるため，詳細な検討が必要である．次に，前後水平方向の振動に対しては，強制振動となる可能性が高いが，上下方向の振動と同様の検討が必要である．

図 3-2, 3-3 の結果だけを踏まえて水門扉の微小開度の限界値 a_c を論ずるのは大胆に過ぎるが，一つの目安として以下のような試案を設定してみた．

① シェル構造型式
   1) 上流側スキンプレート　　上下方向の振動に対しては $a_c \approx 1.0\,d_1$, 前後水平方向の振動に対して $a_c \approx 1.5\,d_1$.
   2) 下流側スキンプレート　　上下方向の振動に対しては限界値なし，前後水平方向の振動に対しては $a_c \approx 1.5\,d_1$.

② 桁構造型式
   1) 上下方向の振動に対して　　$a_c \approx 1.0\,d_1$
   2) 前後水平方向の振動に対して　　$a_c \approx 1.5\,d_1$

以上のような限界値は，微小開度時にリップ底面での流れの不安定現象が発生するという理論的および実験的検証を踏まえて設定されたものであるため，この限界値以下では振動の起こる可能性も高いと思われる．

したがって，水門扉の振動の防止，あるいは回避という観点から詳細な検討がなされる必要がある．とりあえず，上記の危険開度(限界値)以下をできるだけ避けた操作，使用方法を採用するのが賢明である．今後，この課題については，詳細な実験と理論研究を要するものと考えている．

3.2 堰ゲートからの潜り下端放流－その1

潜り流出する堰ゲート(頭首工)の下端放流の流体関連振動の解析は，最初に振動の応答系であるゲートの水中固有振動数を算定し，次に振動の強制系である下端放流に伴う渦強制力の計算を行う．

3.2.1 流体関連振動の解析

(1) ゲート水中固有振動数の算定

下端放流に伴う洪水吐ゲートの振動として，水平曲げ振動，鉛直剛体および吊りワイヤロープの現象が考えられる．具体的には，水平曲げ振動は，ローラ支間長，ゲートの曲げ剛性，ゲート内部水と接水面の付加水の影響を加味した計算となる．鉛直剛体振動は，ゲート質量，吊りワイヤロープのバネ定数，ゲート内部水と接水面の付加水の影響を加味した計算となる．また，吊りワイヤロープの振動は，ロープの張力，ワイヤロープの物性(ヤング率，単位長さ重量)，ロープ長さ等を加味した計算となる．

a. 水平曲げ振動 　図3-4に示すように，洪水吐ゲートおよび水深は，ローラ支間長さl，上流水深h_1，下流水深h_2，ゲート厚みdとする．

曲げ振動数は，以下に示す関係式によって算出される．

ゲートの振動方程式，固有振動数は，以下のように与えられる．

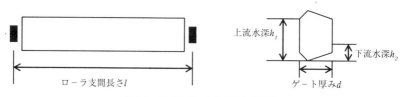

図3-4　洪水吐ゲートの水平曲げ振動

$$M\left(\frac{d^2y}{dt^2}\right) + C\left(\frac{dy}{dt}\right) + Ky = 0 \tag{3-8}$$

$$M = (M_g + M_w)\iota,\ M_g = \frac{W}{\iota g},\ M_w = m + \alpha\beta\rho_w\left[(h_1-a)^2 + (h_2-a)^2\right] \tag{3-9}$$

$$f_g = \frac{1}{2\pi}\sqrt{\frac{K}{M}} = \frac{2.79}{2\iota^2}\sqrt{\frac{EI}{M}} \tag{3-10}$$

$$K = 76.8\frac{EI}{\iota^3}\ (\text{等分布荷重を受ける両端支持梁の変形式を適用}) \tag{3-11}$$

ここで，式(3-9)式において，W：ゲート重量，g：重力加速度，M_w：単位長さの付加水質量，m：下流水深に対応してゲート内に進入する水の質量，α：ゲート接水面の付加水質量に関する係数[= 0.54[2](Westergaart の式(半球分布 $\pi/8$ = 0.39 よりやや大き目)]，β：曲げ振動モードに関する係数(等分布荷重を受ける両端支持梁の変形式を適用すると，$\beta = 0.64$，剛体振動の場合は $\beta = 1.0$)，a：ゲート開度である．なお，接水長さをローラ支間長さとしているので，やや大き目を評価したことになる．式(3-10)において，EI：ゲートの曲げ剛性(I：水平方向の断面2次モーメント)である．参考であるが，一様断面の両端支持梁の空中での振動数の計算式は，$f = \pi/(2\iota^2)\sqrt{EI/(\rho A)}$，$\rho A$：梁の単位長さの質量である．式(3-10)との差は，$2.79/\pi = 0.89$ となり，式(3-10)の方がやや低い目を与える．

b. 鉛直剛体振動 洪水吐ゲートの鉛直剛体振動を図 3-5 に示す．

図 3-5 洪水吐ゲートの上下剛体振動

$$M\left(\frac{d^2z}{dt^2}\right) + C\left(\frac{dz}{dt}\right) + Kz = 0 \tag{3-12}$$

$$M = (M_g + M_w),\ M_g = \frac{W}{g},\ M_w = m\iota + \alpha\beta\rho_w d^2\iota \tag{3-13}$$

$$f_g = \frac{1}{2\pi}\sqrt{\frac{K}{M}} \tag{3-14}$$

$$K = \frac{NE_r A_r}{l_r} \quad (N本のロープの引張りバネ定数) \tag{3-15}$$

ここで，式(3-13)において，W:ゲート重量，g:重力加速度，M_w:付加水質量，m:下流水深に対応してゲート内に進入する水の質量，α:ゲート接水面の付加水質量に関する係数[= 0.54[2] (Westergaartの式(半球分布 $\pi/8 = 0.39$ よりやや大き目)]，β:曲げ振動モードに関する係数であるが，剛体振動の場合は $\beta = 1.0$ である．なお，接水長さをローラ支間長さとしているので，やや大き目を評価したことになる．

式(3-15)で，K:N本($N=8$)の吊りワイヤロープのバネ定数，E_r:ロープのヤング率，A_r:ロープの断面積，l_r:ロープ長さである．

(2) 吊りワイヤロープの振動

吊りワイヤロープの振動数は，次式から算出される．

$$f_r = \frac{n}{2\pi}\sqrt{\frac{Tg}{\gamma_r}} \tag{3-16}$$

ここで，式(3-16)において，n:次数で，1，2，3，T:ロープ張力(振動計測時の鉛直荷重から評価)，g:重力加速度，γ_r:ロープの単位重量である．

3.2.2 水中固有振動数の計算例

(1) 水平曲げ振動
a. 水平曲げ振動計算の諸数値　　表3-1に示す．
b. 水平曲げ振動の固有振動数　　表3-2に示す．

(2) 鉛直剛体振動
a. 鉛直剛体振動の計算条件　　表3-3に示す．
b. 鉛直剛体振動の固有振動数　　表3-4に示す．

3.2 堰ゲートからの潜り下端放流－その1

表 3-1 水平曲げ振動計算の諸数値

記号	単位	数値	内容
W	tf	26.7146	鉛直荷重(自重 - ゲート浮力)
l	cm	2,845	ローラ支間長さ(設計図)
h_1	cm	180	振動計測時の上流水深
h_2	cm	70	振動計測時の下流水深
E	kgf/cm^2	2,100,000	ゲート材料のヤング率
I	cm^4	3,171,524.2	計算書(水平方向)
ρ_g	kgf-s^2-cm^{-4}	0.00000801	ゲート材料の比重量：γ_g = 7,850kgf/m^3
ρ_w	kgf-s^2-cm^{-4}	0.00000102	水の比重量：γ_w = 1,000kgf/m^3
m	kgf-s^2-cm^{-2}	0.005947	単位水質量で a = 0 m の場合で最大値
α	－	0.54	接水係数で Westergaart の式
β	－	0.64	曲げ振動モードに関する係数

表 3-2 水平曲げ振動の固有振動数

上流深	179.8cm	a(cm)	0	1.72	2.58	3.44	5.16	8.60
下流深	108.6cm	f_g(Hz)	2.32	2.34	2.35	2.36	2.38	2.42
上流深	178.3cm	a(cm)	0	1.54	2.31	3.08	4.62	7.70
下流深	110.8cm	f_g(Hz)	2.31	2.33	2.34	2.35	2.37	2.40

表 3-3 鉛直剛体振動の計算条件

記号	単位	数値	内容
W	tf	26.7146	鉛直荷重(31.565tf- 上向き浮力) から引用
l	cm	2,845	ローラ支間長さ(設計図)
h_1	cm	179.8, 178.3, 174.7	振動計測時の上流水深
h_2	cm	108.6, 110.8, 115.7	振動計測時の下流水深(完全潜り h_2 > 70 cm)
d	cm	150	ゲート厚み(設計図)
E_r	kgf/cm^2	930,000	ロープ材料のヤング率(東京製網のデータ)
A_r	cm^2	5.09	計算書から引用
l_r	cm	801.2	平均ロープ長さ(設計図)
ρ_g	kgf-s^2-cm^{-4}	0.00000801	ゲート材料の比重量：γ_g = 7,850 kgf/m^3 と設定
ρ_w	kgf-s^2-cm^{-4}	0.00000102	水の比重量：γ_w = 1,000 kgf/m^3 と設定
m	kgf-s^2-cm^{-2}	0.005947	単位水質量で a = 0 m の場合で最大値となる
α	－	0.54	接水係数で Westergaart の式
β	－	1.0	剛体振動の場合

表 3-4 鉛直剛体振動の固有振動数

上流深	179.8 cm	a(cm)	0	1.72	2.58	3.44	5.16	8.60
下流深	108.6 cm	f_g(Hz)	3.58	3.59	3.60	3.61	3.62	3.65

3.2.3 吊りワイヤロープ振動

(1) ワイヤロープ振動の計算条件
表 3-5 に示す.

表 3-5 ワイヤロープ振動の計算条件

記号	単位	数値	内容
W	tf	29.866	鉛直荷重計算から引用
T	kgf	4,010	計算書から引用
l_r	cm	669.1	ロープ長さ(設計図)
		838.5	ロープ長さ(設計図)
		866.0	ロープ長さ(設計図)
γ_r	kgf/cm	0.0479	ロープの単位重量(設定値)

(2) 吊りワイヤロープ振動の固有振動数
吊りワイヤロープ振動の固有振動数を表 3-6 に,その結果を図 3-6 に示す.

表 3-6 吊りワイヤロープの固有振動数

(a) ロープ長さ 669.1 cm

n	1	2	3	4
f_r (Hz)	6.77	13.54	20.31	27.07

(b) ロープ長さ 838.5 cm

n	1	2	3	4
f_r (Hz)	5.40	10.80	16.20	21.60

(c) ロープ長さ 866.0 cm

n	1	2	3	4
f_r (Hz)	5.23	10.46	15.69	20.92

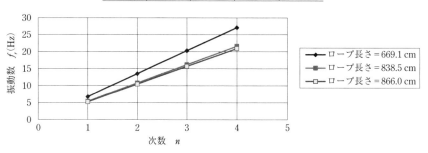

図 3-6 洪水吐ゲートの吊りワイヤロープ振動

3.2.4 計測結果のまとめ

潜り流出で下端放流する堰ゲートの振動は，微小開度での水平曲げ振動である．この振動に伴い，吊りワイヤロープ振動と堰上流面の水面で水波が発生する．

(1) 水面波の波長，ゲート振動数

図 3-7 に水面波の波長とゲート振動を示す．堰上流面の波紋観測から概略の堰ゲートの振動現象が予測できる．

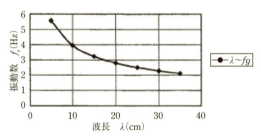

図 3-7 水面波の波長〜ゲート振動数

(2) 計測結果

実機を対象に現地計測した結果のまとめを**表 3-7** に示す．

表 3-7 ゲート振動の計測結果

ゲート	開度(cm) 指示値	振動状況 水平曲げ	上下剛体	ロープ振れ
洪水吐ゲート(No.1)	2〜2.5	振動あり*	振動なし	振れなし
	3	振動あり*	振動なし	振れなし
洪水吐ゲート(No.2)	3	振動あり*	振動なし	振れなし
	4	振動あり*	振動なし	振れなし
土砂吐ゲート	2〜4	振動なし	振動なし	振れあり**

* 振動数 2.23Hz，上下流水面には波紋も観測された(目測で波長 20〜30cm 程度)．なお，3.2.2「水中固有振動数の計算例」の(1)水平曲げ振動においては，$a = 1.72 \sim 3.44$cm で $2.34 \sim 2.36$Hz となり，観測値に対して 1.031〜1.058 となる．
** ロープ振れありは，手で触れて判断される微動である．

3.2.5 限界開度

3.1における限界開度では,一般論としての設定法に触れているが,ここでの限界開度とは振動計測の結果と共振域を加味し,振動しない安全性の高い指示開度と定義している.右に以下に示す.

表3-8 限界開度

ゲート	限界開度 指示値	備考
洪水吐 土砂吐	5 cm	洪水吐ゲートおよび土砂吐ゲートは,指示値5cmからの開度での運用が可能である.

3.1における限界開度では,一般的な設定として,エッジ板厚 t_s,水密ゴム厚 t_r,当板厚 t_p とすると,エッジ部の寸法 $t = t_s + t_r + t_p$ となり,水平振動の対する限界開度 $a_c = 1.5 \times t$,鉛直振動では $a_c = 1.0 \times t$ となる.

3.3 堰ゲートからの越流および潜り下端放流-その2

ここでは,越流水脈(堰頂の越流と堰頂端の剥離の落水脈)およびゲートの潜り下端放流による強制振動と,応答系のゲート振動との共振現象を明らかにする.

3.3.1 流体関連振動の解析

振動解析法は3.2と類似であるが,水理条件が異なるため各事象ごとに対応した記述をしている.

(1) 共振範囲の評価

流体関連振動に対する共振範囲は,**表3-9**に示す基準に準拠する.解析法の(2)は非定常流体力による強制系で,(3)がゲート振動である応答系である.

表3-9 共振範囲の評価

共振範囲の評価	
水門鉄管技術基準(案) 水門編	共振範囲
昭和56年版(1981年)	強制振動数/ゲート固有振動数 = 0.65 ~ 1.18
平成12年版(2000年)	ゲート固有振動数/強制振動数 = 0.85 ~ 1.54
振動論での応答関数の定義は,強制振動数/ゲート固有振動数	強制振動数/ゲート固有振動数 = 1/0.85 ~ 1/1.54 = 1.18 ~ 0.65
評価法	強制振動数/ゲート固有振動数 = 0.65 ~ 1.18

(2) 非定常流体力

a. ゲート下端放流 ゲート微小開度放流による流れの不安定現象は，ゲート下端(エッジ部)での渦形成に起因する．渦形成で適用する考え方は，シル面を対称面とする鏡像の理論(噴流の流れとする)からの非対称配列渦(カルマン渦列)の生成を仮定する．この種の渦配列はきわめて安定なものである．A.B.Wood[11]によれば，渦形成を支配するストローハル数 S_t は，0.055 としている．この数値は，従来採用されている 0.1～0.2 に比べ小さく，少し疑問も呈したが，3.1 の検討では非常に良好な結果が得られた．図 3-8 に示すようにカルマン渦列によって生ずる強制振動 f_v は，次式により表せる．

$$f_v = \frac{0.055V}{2a} \tag{3-17}$$

$$V = \sqrt{2g\Delta H}, \quad \Delta H = (H + h_g) - h_2 \tag{3-18}$$

ここで，H：越流水深，h_g：ゲート全高さ，a：開度，h_2：下流水深である．

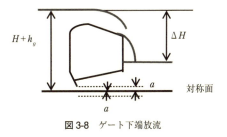

図 3-8 ゲート下端放流

b. ゲート下端放流の潜り流出に伴う跳水 越流と下端放流による合流部の挙動による影響および開水路に形成される跳水は，跳水後は常流(F_r<1)となり，水面には水波が生ずる．ゲート下流側では，この種の水波は水深に比べきわめて大きく，長波と考えられる．この考え方を拡張し，潜り跳水の振動を検討してみる．

検討に際して引用した文献[1]は，越流と下端放流による合流部の挙動，そして文献[12]は潜り跳水の波動現象である．流れ場は，図 3-9 に示すように下端放流による潜り跳水により下流水面に波長 λ，波速 C(長波に設定)の水波が形成される．

文献[1]によると，合流部に左回りの渦形成によるゲート振動が a/D = 0.4～0.6,

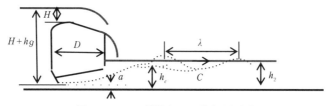

図3-9 ゲート下端放流による潜り跳水波動

$H/h_g=0.2$ の条件で発生すると記載されている．この条件は，$a=1.2～1.8$ m，$H=0.68$ m となり，かなり大きなゲート開度に相当する．

一方，文献[12]では，潜り跳水で $0.61<a/h_c<0.67$ のきわめて狭い範囲で跳水の波動現象（波長 λ）が発生するとしている．なお，潜り跳水の現象から考えると，合流部の渦形成の場合と同様，ゲート開度はかなり大きくなるようである．

$$\lambda = 1.2\left[\frac{2\pi h_2}{\left[2.5\left\{\left(\frac{h_2}{h_c}\right)^3-1\right\}\right]^{1/2}}\right] \tag{3-19}$$

なお，文献[12]では，式(3-19)の下流水深 h_2 は h_n，波長 λ は ι^*，開度 a は h_1 と記載されている．

この波動を長波とすると，波動の振動数 f_w は，次式のようになる．

$$\lambda = \frac{C}{f_w}, \quad C = \sqrt{gh_2} \quad \rightarrow \quad f_w = \frac{\sqrt{gh_2}}{\lambda} \tag{3-20-1}$$

ここで，h_c：下流水深 h_2 に形成される跳水の限界水深，$h_c=(q^2/g)^{1/3}$（潜り跳水条件 $h_c<h_2$），q：単位幅当りの流量で，以下のようになる．

$$q = a\sqrt{2g\left[(H+h_g)-h_2\right]} \quad \rightarrow \quad h_c = \left[2a^2\left\{(H+h_g)-h_2\right\}\right]^{1/3} \tag{3-20-2}$$

c. 越流水脈のうねりの振動 ゲート振動に対する強制力としては，越流水脈および水脈剥離の落水脈のうねり（脈動）に起因する振動が存在する．これらの現象については，以下に記載しているように物理的な意味および振動式の誘導等を少し詳しく説明している．

① 限界水脈振動

1) 限界水脈振動の物理的な意味　　限界水深は，開水路の関係式から H〜h を示すと図 3-10 のようになる．エネルギー H が最小となる点である．

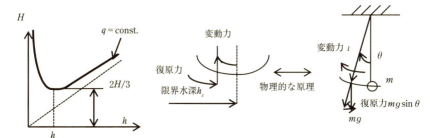

図 3-10　限界水脈振動

エネルギー最小を示す点での物理現象は，変動力を与えて位置を変えるとエネルギーが増大するので，元の位置に復原しようとする．この現象が振動する原因となる．限界水深での水脈もこれに類似している．

物理的な原理として，例えば，単振子の振動を考えてみる．振子 m の変位は $\iota\theta$，加速度は $\iota(d^2\theta/dt^2)$，復元力は $mg\sin\theta$（$\theta\leq 1$ とすると，$mg\theta$）で，振動方程式および単振子の振動数は，以下のようになる．

$$m\iota\frac{d^2\theta}{dt^2}+mg\theta=0 \;\rightarrow\; \frac{d^2\theta}{dt^2}+\frac{g}{\iota}\theta=0 \;\rightarrow\; \omega^2=\frac{g}{\iota} \;\rightarrow\; \omega=2\pi f \;\rightarrow\;$$
$$f=\frac{1}{2\pi}\sqrt{\frac{g}{\iota}}$$
(3-21)

2) 式(3-22)の誘導　　限界水脈振動は，越流水脈の限界水深を境として上流域と下流域での波動特性から解析する．文献[1]の p.82, 86 を引用すると，堰頂より上流側の常流域では，深水波の波速 $C_D=\sqrt{g\lambda/2\pi}$，限界水深の射流域では，長波の波速 $C_s=\sqrt{gh_c}$ である．限界水深位置での波速の連続の条件 $C_D=C_s$ を用いると，$\sqrt{g\lambda/2\pi}=\sqrt{gh_c}$，$g\lambda/2\pi=gh_c$ となる．波長 λ と振動数 f_c との関係は $\lambda=C_D/f_c$ で，$(1/2\pi f_c)C_D=h_c$ であり，$C_D=C_s$ を用いると，$(1/2\pi f_c)\sqrt{gh_c}=h_c$ となり，この関係を整理すると，

$$f_c=\frac{1}{2\pi}\sqrt{\frac{g}{h_c}}=\frac{1}{2\pi}\sqrt{\frac{3g}{2H}} \quad \left(h_c=\frac{2H}{3}\right)$$
(3-22)

限界水深は,既に 2.1.4(1)a.で誘導している. 重復するが,再度エネルギーとの関係で示すと,以下のようになる. $H = h + (u^2/2g)$ ($u = q/h$, q は単位幅当りの流量)の式から, $H = h + (1/2g)(q/h)^2 \to Hh^2 = h^3 + (q^2/2g)$ となる. h で偏微分し, $h = h_c$ とする.

$$\frac{\partial}{\partial h} Hh^2 = \frac{\partial}{\partial h} h^3 + \frac{\partial}{\partial h}\frac{q^2}{2g}$$

$$2h_c H = 3h_c^2 \quad \to \quad 2H = 3h_c \quad \to \quad h_c = \frac{2H}{3} \tag{3-23}$$

一方, $H = h + (q^2/2g)h^{-2}$. h で偏微分する.

$$\frac{\partial}{\partial h} H = \frac{\partial}{\partial h} h + \frac{\partial}{\partial h}\frac{q^2}{2g} h^{-2}$$

$$0 = 1 - \frac{q^2}{g} h^{-3} \quad \to \quad h_c = \left(\frac{q^2}{g}\right)^{1/3} \tag{3-24}$$

開水路の関係式を $H \sim h$ で図示すると, 図 3-11 となる.

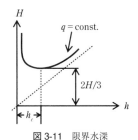

図 3-11 限界水深

図 3-11 に示すように,限界水深はエネルギー H が最小となる点である. 上記に記述しているように,限界水深域で波速を等値する. すなわち, $C_D = C_s$ と波速の連続性の条件から, 水脈のうねりによる限界水脈の強制振動数 f_c が求められる.

$$f_c = \frac{1}{2\pi}\sqrt{\frac{3g}{2H}} \tag{3-25}$$

② 落水脈の振動 ここでの落水脈とは, ゲート越流斜面端からの剥離流によるもので, 通常, ナップと呼称されるものである. 落水脈は,既に 2.1.4 で記述し重復しているが, さらに水脈振動について記述する.

落水脈の振動を検討するには，限界水深域の流量と越流斜面の流量との連続性を満たす流速 U，水深 h を計算する必要がある．

1) 落水脈の流速 U，水深 h　　図 3-12 の限界水深域の流量と越流斜面の流量との連続条件から以下のような関係式を誘導する．

図 3-12 の越流限界水深の流量 Q_c は，以下の関係から算定される．

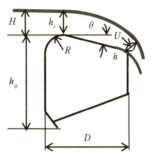

図 3-12　越流限界水深 h_c と落水脈

$$Q_c = U_c h_c \iota \qquad (3\text{-}26)$$

$$F_r = \frac{U_c}{\sqrt{gh_c}} \;\rightarrow\; F_r = 1 \;\rightarrow\; U_c = \sqrt{gh_c} \qquad (3\text{-}27\text{-}1)$$

$$Q_c = \sqrt{gh_c}\, h_c \iota \;\rightarrow\; Q_c = g^{1/2} h_c^{3/2} \iota \qquad (3\text{-}27\text{-}2)$$

$$h_c = \frac{2H}{3} \qquad (3\text{-}27\text{-}3)$$

ここで，H：越流水深，h_c：越流限界水深，ι：越流幅である．

式(3-27-3)の誘導には，開水路のエネルギー式 $H = (U^2/2g) + h$ と $U^2 = (Q/h\iota)^2$ の関係を用い，両辺に h^2 を掛けると，

$$2Hh^2 = \left(\frac{U^2}{g\iota^2}\right) + 2h^3 \qquad (3\text{-}28)$$

となる．さらに，両辺を h で偏微分し，h の極値 h_c を算出する．

$$\frac{\partial}{\partial h}(2Hh^2) = \frac{\partial}{\partial h}\left(\frac{U^2}{g\iota^2}\right) + \frac{\partial}{\partial h}(2h^3) \;\rightarrow\; \frac{\partial}{\partial h}\left(\frac{U^2 \partial}{g\iota^2}\right) = 0 \;\rightarrow\; h = h_c \;\rightarrow$$

$$4Hh_c = 6h_c^2 \;\rightarrow\; 2H = 3h_c \;\rightarrow\; h_c = \frac{2H}{3} \qquad (3\text{-}29)$$

の関係式が求められる．また，$U = q/h$ とすると，$h_c = (q^2/g)^{1/3}$ となる．

次に越流斜面部の流量 Q は，以下の関係から算定される．

$$Q = Uh_\iota \tag{3-30}$$

$$U = \frac{\left|s^{2/3} i^{1/2}\right|}{n} \tag{3-31-1}$$

$$s = \frac{h\iota}{\iota + 2h} = \frac{h}{1 + \dfrac{2h}{\iota}} \tag{3-31-2}$$

$$i = \tan\theta \tag{3-31-3}$$

ここで，s：流体平均深さ，θ：越流斜面の傾斜角，U：越流斜面の終端部を通過する流速（マニング式），h：水深，ι：水脈幅（ゲート幅），n：流水面のマニングの粗度係数である．

以下に示す関係式は，既に 2.1.4(1)b. で示しているが，再度記述する．式(3-26)と式(3-30)とを等値（連続条件；$Q_c = Q$）すると，

$$g^{1/2}\left(\frac{2H}{3}\right)^{3/2} = \frac{\left[h^{5/3}\left(\dfrac{1}{1 + 2h/\iota}\right)^{2/3} i^{1/2}\right]}{n} \tag{3-32}$$

式(3-32)に H，$\iota = 1$（単位幅），$i = \tan\theta$，n（マニング係数）等を与えて，左辺，右辺の値が等しくなる水深 h を算定する．

2) **強制振動数 f_n**　図 3-13 に示すような落水脈の強制振動数 f_n は，水脈の落下時間 T と水脈モードの次数 $m = 1, 2, 3\cdots$ から，$f_n = (m + 1/4)/T$[2] から算定される．水脈の落下時間 T は，斜面終端部の水平軸を x，垂直軸

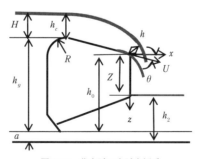

図 3-13　落水脈の水脈座標系

を z とする座標系から求める．

落水脈の軌跡は，既に 2.1.4(2) で誘導しているように以下の関係から求める．

$$\dot{x} = U\cos\theta \quad \rightarrow \quad x = U\cos\theta t \tag{3-33}$$

$$\dot{z} = gt + U\sin\theta \quad \rightarrow \quad z = \frac{gt^2}{2} + U\sin\theta t \tag{3-34}$$

式(3-33)式からの t 値を式(3-34)に代入し，z の式を求めると，

$$z = \frac{g}{2}\left(\frac{x}{U\cos\theta}\right)^2 + U\sin\theta\left(\frac{x}{U\cos\theta}\right) \tag{3-35}$$

式(3-35)に水脈が着床する距離を Z として，
$$Z = h_0 + a - h_2 \tag{3-36}$$

式(3-36)を式(3-35)に代入し，x に関する 2 次方程式を求めると，

$$x^2 + \left(\frac{2}{g}\right)U^2\sin\theta\cos\theta x - \left(\frac{2Z}{g}\right)U^2\cos^2\theta = 0 \tag{3-37}$$

式(3-37)の x に関する 2 次方程式の解は，

$$x = U\cos\theta\left[-\left(\frac{U}{g}\right)\sin\theta + \sqrt{\left(\frac{U\sin\theta}{g}\right)^2 + \frac{2Z}{g}}\right] \tag{3-38}$$

式(3-38)に式(3-33)から $t = x/(U\cos\theta)$ を用いて，$t = T$ とすると，

$$T = -\left(\frac{U}{g}\right)\sin\theta + \sqrt{\left(\frac{U\sin\theta}{g}\right)^2 + \frac{2Z}{g}} \tag{3-39}$$

式(3-39)が水脈の落下時間となり，落水脈振動に関連する式となる．

落水脈の強制振動数 f_n は，以下の関係から求められる．

$$f_n T = m + \frac{1}{4} \tag{3-40}$$

$$f_n = \frac{m + \frac{1}{4}}{T} \qquad m = 1, 2, \cdots \tag{3-41}$$

(3) ゲートの水中固有振動

a. ゲートの水平曲げの水中固有振動　　ゲートの水中固有振動解析（水平曲げ）は，図 3-14 に示すようにローラ支間 l で支持された梁とし，単位幅当りのゲート質量 $m_g (= W/g\, l$，W：ゲート重量），単位幅当りのゲートの付加水質量 m_w に

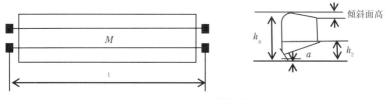

図 3-14　ゲートおよび接水状況

はゲート上・下流側の接水面の付加水質量 m_{w1}, m_{w2} およびゲート室内の水質量 m_{w3} と等分荷重を受ける両端支持梁の変形式からバネ定数 K とする質量-バネ系の振動体に設定する(この考え方は，3.1で適用し，計算値／測定値=1.031〜1.058の精度であることを確認している).

質量-バネ系の振動体の設定として，以下に示す関係を適用する.

① ゲートの単位幅当りの質量

$$m_g = \frac{W}{gl} \tag{3-42}$$

② 接水面の単位幅当りの付加水質量

　1) ゲート上流側の接水面の質量

$$m_{w1} = \alpha\,\beta\,\rho_w\,h_g^2 \tag{3-43-1}$$

　2) ゲート下流側の接水面(越流傾斜高＋下流水深)の質量

$$m_{w2} = \alpha\,\beta\,\rho_w\,\|h_s^2 + (h_2-a)^2\| \tag{3-43-2}$$

③ ゲート室内の水質量

$$m_{w3} = \rho_w A_g \quad\text{ただし，}\; A_g = f(h_2-a) \tag{3-43-3}$$

④ 振動体の質量

$$M = (m_g + m_{w1} + m_{w2} + m_{w3})\,l \tag{3-44}$$

⑤ ゲートのバネ定数

$$K = \frac{76.8EI}{l^3} \tag{3-45}$$

なお，式(3-45)の算定法は，両端支持梁に等分荷重を付加した場合の中央の変形 $\delta\,(=5wl^4/384EI)$ と付加荷重 wl から $K = wl/(5wl^4/384EI) = 76.8EI/l^3$ となる.

以上の関係を用いると，ゲートの振動方程式は以下のようになる.

$$M\left(\frac{d^2y}{dt^2}\right)+C\left(\frac{dy}{dt}\right)+Ky=0 \qquad (3\text{-}46)$$

$$\frac{d^2y}{dt^2}+2\xi\omega\left(\frac{dy}{dt}\right)+\omega^2y=0, \quad \omega^2=\left(2\pi f_g\right)^2=\frac{K}{M} \qquad (3\text{-}47)$$

$$f_g=\frac{1}{2\pi}\sqrt{\frac{K}{M}}=\left(\frac{2.79}{2\iota^2}\right)\sqrt{\frac{EI}{m_g+m_{w1}+m_{w2}+m_{w3}}} \qquad (3\text{-}48)$$

ここで，$\alpha=0.54$[2]で，この係数はWestergaartの式，半円分布$\pi/8=0.39$よりやや大き目，$\beta=0.64$[両端支持された梁の変形式$\delta=\{w\iota^4/(24EI)\}(\sigma-2\sigma^2+\sigma^4)$，$\sigma=x/\iota$，$a^*=2\times\int_0^{1/2}\sigma d\sigma$，$A=1\times[\delta]_{\sigma=1/2}$，$a^*/A=0.64$（接水の付加水質量に対する変形影響）］，剛体振動であれば$\beta=1$，ρ_w：水の密度，A_g：ゲート断面積，EI：ゲートの曲げ剛性，h_g：ゲート全高，a：ゲート開度，h_2：下流水深，ι：ローラ支間である．

質量-バネの振動体で誘導された式(3-48)は，一様な断面を有する両端支持棒の振動数$f_g=[\pi/(2\iota^2)]\sqrt{EI/\rho A}$との対比となる．$\rho A=m_g+m_{w1}+m_{w2}+m_{w3}$とすると，$2.79/\pi=0.9$の関係で，式(3-48)はやや低めを算定している．

b. ゲートの鉛直剛体の水中固有振動 ゲートの水中固有振動解析（鉛直剛体）は，図3-15に示すようにローラ支間ιで支持された梁とし，単位幅当りのゲート質量$m_g(=W/g\iota$，W：ゲート重量），単位幅当りのゲートの付加水質量m_wにはゲート越流面，下面の接水面の付加水質量m_{w1}およびゲート室内の水質量m_{w2}と吊りワイヤのバネ定数Kとする質量-バネ系の振動体に設定する．

質量-バネ系の振動体の設定として，以下に示す関係を適用する．

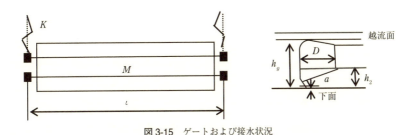

図3-15　ゲートおよび接水状況

① ゲートの単位幅当りの質量

$$m_g = \frac{W}{gl} \tag{3-49-1}$$

② 接水面の単位幅当りの付加水質量(ゲート越流面と下面の接水面の質量)
$$m_{w1} = 2\alpha\rho_w D^2 \tag{3-49-2}$$

③ ゲート室内の水質量
$$m_{w2} = \rho_w A_g, \quad ただし \quad A_g = f(h_2 - a) \tag{3-49-3}$$

④ 振動体の質量
$$M = (m_g + m_{w1} + m_{w2})\, l \tag{3-50}$$

⑤ 吊りワイヤのバネ定数
$$K = \frac{NE_r A_R}{l_r}, \quad ただし \quad l_r = f(l_r^* - a),\ f = \text{function} \tag{3-51}$$

以上の関係を用いると,ゲートの振動方程式は以下のようになる.

$$M\left(\frac{d^2z}{dt^2}\right) + c\left(\frac{dz}{dt}\right) + Kz = 0 \tag{3-52}$$

$$\frac{d^2z}{dt^2} + 2\xi\omega\left(\frac{dz}{dt}\right) + \omega^2 z = 0, \quad \omega^2 = (2\pi f_{gv})^2 = \frac{K}{M} \tag{3-53}$$

$$f_{gv} = \frac{1}{2\pi}\sqrt{\frac{K}{M}} = \frac{1}{2\pi}\sqrt{\frac{NE_r A_r}{(m_g + m_{w1} + m_{w2})l_r}} \tag{3-54}$$

ここで,$\alpha = 0.54$[2]で,この係数はWestergaartの式で,半円分布$\pi/8 = 0.39$よりやや大き目,ρ_w:水の密度,A_g:ゲート断面積,$NE_r A_r/l_r$:吊りワイヤのバネ定数,N:吊りワイヤ本数(両側),E_r,A_r:吊りワイヤのヤング率と断面積,l_r^*:吊りワイヤ長さ($a=0\,\text{m}$),h_g:ゲート全高,D:ゲート厚さ,a:ゲート開度,h_2:下流水深,l:ローラ支間である.

3.3.2 例題としてのゲート流体振動

(1) 水脈の強制振動

a. 限界水脈 限界水脈の強制振動数f_cは,式(3-25)から算出する.式(3-25)に越水深Hを与えると,強制振動数f_cが算定でき,図3-16のようになる.

b. 落水水脈 水理解析から誘導される式(3-41)から落水脈の強制振動数f_n($m=1$)が算出され,図3-17のようになる.

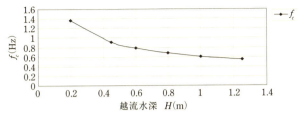

図 3-16 限界水脈の強制振動数

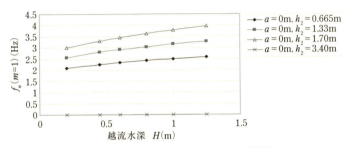

図 3-17 下端開度 $a=0\,\mathrm{m}$ の落水脈の強制振動数

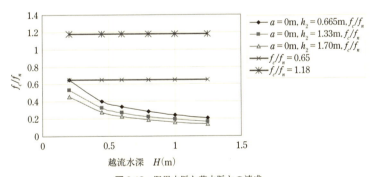

図 3-18 限界水脈と落水脈との連成

c. 限界水脈と落水脈の連成 限界水脈の振動が落水脈の振動に影響を及ぼしているかを検証するため,限界水脈と落水脈の連成について検討してみると,図3-18のようになる.

図から判断して,限界水脈と落水脈の強制振動($m=1$)の連成はなく,限界水脈の振動による落水脈の振動への影響はなく,各事象は独立した現象と言える.

(2) 水脈振動とゲート水平曲げ振動との共振

a. 越流水脈　下端開度 $a=0$ m の越流水脈による共振は，図 3-30 とゲートの水中固有振動数の連成を検討する．下端開度 $a=0$ m の越流水脈のみでは，落水脈（ナップ）との共振が懸念されるが，越流形式ではスポイラ等での対策が講じられているので，問題ないと思われる．なお，文献[2]では，落水脈の振動防止のためのスポイラの許容間隔は，落水脈高さの 1/2 程度とされている．

b. 越流水脈および下端放流　一例として，微小開度に相当する $a=0.1$ m，0.2 m の場合と越流水脈を伴う同時放流の共振について検討する．下端開度 $a=0.1$ m では，下端放流による渦振動との共振が懸念されるが，下端開度 $a=0.2$ m ではその懸念はない．なお，(4)の下端放流の限界開度については，$a_c=0.129$ m と記述している．ただし，この条件は，ゲート下流端が潜り状態である必要がある．

(3) 水脈振動とゲートの鉛直剛体との共振

a. 越流水脈　下端開度 $a=0$ m の越流水脈による共振について検討する．下端開度 $a=0$ m の越流水脈のみでは，落水脈（ナップ）との共振がやや懸念されるが，越流形式ではスポイラ等での対策が講じられているので，問題ないと思われる．

b. 越流水脈および下端放流　一例として，微小開度として，下端開度 $a=0.1$ m，0.2 m の場合の下端放流および越流水脈による共振について検討する．下端開度 $a=0.1$ m の場合は，下端放流との共振がやや懸念されるが，0.2 m では共振の懸念はない．また，0.1 m では越流水脈および落水脈（ナップ）との共振が懸念されるが，越流形式ではスポイラ等での対策が講じられているので，問題ないと思われる．

(4) 下端放流の限界開度について

下端放流で，下流側に水位があり潜り流出する場合，3.3.1 でも論じているように渦流出に伴う強制力が存在する．このような水理条件を考慮し，文献[5]では下端エッジ部の位置が上流側か下流側か，鉛直振動か水平振動により限界開度を設定している．

解析上，振動する開度 a は，水平，鉛直とも $a=0.1$ m となる．例えば，例題としてエッジ板厚 28 mm，水密ゴム厚 30 mm，当板厚 28 mm とすると，エッジ

部の寸法は 86 mm となる．この寸法を文献[5]に記載されている条件に当てはめると，水平振動では，限界開度 $a_c = 0.129$ m（= 1.5 × エッジ部の寸法），鉛直振動では，$a_c = 0.086$ m（= 1.0 × エッジ部の寸法）となる．

堰ゲートの運用に際しての開度は，余裕をみて下端開度 0.15 m では下端放流に対する共振はない．したがって，ゲート水平振動に対する限界開度を $a_c \geq 0.15$ m に設定すれば，ゲートの弾性変形，ゲート底部のコンクリート面の多少の凹凸，誤差等は吸収されるので，ゲート振動に対する懸念はない．なお，ゲート鉛直剛体振動についての最小開度の設定は必要ない．

3.3.3 まとめ

堰ゲートの流体関連振動では，越流水脈の振動として限界水深および越流面での剥離水脈（ナップ）の振動，さらに下端放流による渦と潜り跳水による波動を取り上げた．

解析の結果，越流水脈の振動と微小開度（$a = 0.1$ m）に対応する条件下で，ゲートの振動が誘発されるようである．

越流水脈の振動については，スポイラ設置で回避されるが，微小開度振動ではこの開度を避け，例えば限界開度 $a_c \geq 0.15$ m とするゲート操作が必要となる．

3.4 ライジングセクタゲートからの越流

3.4.1 経　緯

ライジングセクタゲートは越流放流が可能な形式であるが，扉体の下端で大きな段落ち部のある形状で，下流水位が低い場合は段落ち部で水脈が形成され，段落ち水脈振動を誘発する事例や，扉体の下端に大きな段差がなく下流水位が高く扉間漏水がある場合には，扉体振動を誘発することが報告されている．本節では，2.3 段落ちを有する斜路流れの水脈と同様，段落ち水脈変動がゲート振動を誘発する事例について水理解析した．

ライジングセクタゲートの下端部の段落ち水脈振動の事例を図 3-19 に示す．同図に示すように扉体越流部の水脈および扉体振動等は何ら変動している様子は

図 3-19　ライジンセクタゲートからの越流水脈

認められないが，扉体下端の段落ち部の水脈には水脈振動(水波)が確認される．

3.4.2　関　係　式

(1)　段落ち部の流速 U および水深 h

図 3-19 に示すライジングセクタゲートの段落ち水脈の振動を検討するには，2.3 段落ちを有する斜路流れの水脈解析と同様，段落ち部での水脈の流速 U および水深 h 等の水脈の諸特性を計算する必要がある．

図 3-20 に示すライジングセクタゲート越流部(ゲート頂部)での流量とゲート斜面下端の段落ち部の流量との連続条件から，以下のような関係式を誘導する．

越流部(ゲート頂部)の流量 Q_c は，以下の関係から算定される．

$$Q_c = V_c h_c B \tag{3-55-1}$$

$$F_r = \frac{V_c}{\sqrt{gh_c}} \;\;\rightarrow\;\; F_r = 1 \;\;\rightarrow\;\; V_c = \sqrt{gh_c} \tag{3-55-2}$$

$$Q_c = \sqrt{gh_c}\, h_c B \;\;\rightarrow\;\; Q_c = g^{1/2} h_c^{3/2} B \tag{3-55-3}$$

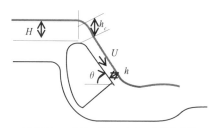

図 3-20　ライジングセクタゲート越流水脈

$$h_c = \frac{2H}{3} \tag{3-55-4}$$

ここで，H：越流水深，B：越流幅である．

次に，ゲート斜面下端の段落ち部の流量 Q は，以下の関係から算定される．

$$Q = U h B \tag{3-56-1}$$

$$U = \frac{|R^{2/3} I^{1/2}|}{n} \tag{3-56-2}$$

$$R = \frac{hB}{B+2h} = \frac{h}{1+\dfrac{2h}{B}} \tag{3-56-3}$$

$$I = \tan\theta \tag{3-56-4}$$

ここで，θ：ゲート斜面の傾斜角，U：段落ち部を通過する流速（マニング式），h：水深，B：水脈幅，R：流体平均深さ，n：流水面のマニングの粗度係数である．

式 (3-56-1) と (3-57) とを等値（連続条件；$Q_c = Q$）すると，

$$g^{1/2} h_c^{3/2} = \frac{h^{5/3} \left(1-\dfrac{2h}{B}\right)^{2/3} I^{1/2}}{n} \tag{3-57}$$

式 (3-57) に水流水系 $H \to$ 限界水深 h_c，$B = 1$（単位幅），I（ゲート斜面勾配），n（マニングの粗度係数）等を与えて，式 (3-57) の左辺，右辺の値が等しくなる水深 h を算定する．

(2) 水脈振動

図 3-21 に示すようなゲート下端の段落ち水脈振動数 f は，水脈の落下時間 T と水脈形態の次数 $m(=0, 1, 2, \cdots)$ から $f = (m+1/4)/T$[2] から算定される．水

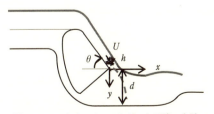

図 3-21　ライジングセクタゲート下端の水脈

脈の落下時間 T は，ゲート下端を原点とし，水平軸を x，垂直軸を y とする座標系から求める．

水脈の軌跡は，既に 2.1.4(2) で誘導しているように以下の関係から求める．

$$\dot{x} = U\cos\theta \quad \rightarrow \quad x = U\cos\theta t \tag{3-58-1}$$

$$\dot{y} = gt + U\sin\theta \quad \rightarrow \quad y = \frac{gt^2}{2} + U\sin\theta t \tag{3-58-2}$$

式(3-58-1)から t の値を式(3-58-2)に代入し，y の式を求めると，

$$y = \frac{g}{2}\left(\frac{x}{U\cos\theta}\right)^2 + U\sin\theta \frac{x}{U\cos\theta} \tag{3-59}$$

式(3-59)に水脈が着床する距離 $y = d$ を代入し，x に関する 2 次方程式を求めると，さらに，水脈の落下時間は 3.3.1① 2) で誘導しているように，

$$x^2 + \frac{2}{g}U^2\sin\theta\cos\theta x - \frac{2d}{g}U^2\cos^2\theta = 0 \tag{3-60}$$

式(3-60)の x に関する 2 次方程式の解は，

$$x = U\cos\theta\left[-\left(\frac{U}{g}\right)\sin\theta + \sqrt{\left(\frac{U\sin\theta}{g}\right)^2 + \frac{2d}{g}}\right] \tag{3-61}$$

式(3-61)を式(3-58-1) $t = x/(U\cos\theta)$ に代入し，$t = T$ とすると，

$$T = \left[-\left(\frac{U}{g}\right)\sin\theta + \sqrt{\left(\frac{U\sin\theta}{g}\right)^2 + \frac{2d}{g}}\right] \tag{3-62}$$

式(3-62)が段落ち水脈の落下時間となり，以下に示す水脈振動に関連する式となる．

水脈振動の振動数 f は，以下の関係から求められる．

$$fT = m + \frac{1}{4} \tag{3-63-1}$$

$$f = \frac{m + (1/4)}{T} \tag{3-63-2}$$

3.4.3 段落ち水脈振動と段落ち部空気層との共鳴

段落ち水脈振動は，段落ち部に空気層が形成され，この空気層（応答系）と水脈振動（強制力）との共鳴が考えられる．

応答系として，段落ち部の空気層の容積 Δ (ゲート径間×段落ち高さ×水脈着床距離) とゲート両端部の支持端板の水脈縁長から形成される Helmholtz 型の振動モデルを考える．

$$f_a = \frac{C}{2\pi}\sqrt{\frac{\Sigma A}{\iota \Delta}} \tag{3-64}$$

ここで，f_a：ヘルムホルツ型の振動数，C：空気の音速，Δ：段落ち部の空気層の容積，ι，ΣA：ゲート両端部の支持端板の水脈縁長とその縁長断面積である．

3.4.4 数値解析

(1) 計算結果

ここでは，一例として段落ち水脈振動(強制力)について計算をする．応答系については，入手した資料が十分でないので割愛する．

段落ち水脈振動数 f は，式(3-63-2)から $m = 1, 2, \cdots$，例として 1，2 の場合を示すが，現象としは $m = 1$ と思われる．また，マニングの粗度係数は $n = 0.017$(塗面)とし，結果を**図 3-22**に示す．

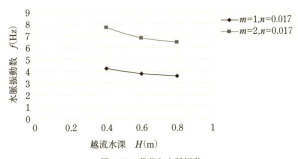

図 3-22 段落ち水脈振動

(2) 考 察

ゲート斜面下端の段落ち部で水脈が形成される場合は，**図 3-19** および過去の事例からも水脈が振動する可能性があり，段落ち部の空気層と連成して低周波音 (50 Hz 以下) の発生の原因となる．この事象についての低周波音の発生の正式な報告はないが，入手した越流状況の動画から判断してゲート越流水の変動が確認され，かなり厳しい騒音が発生していたものと予想される．

3.5 扉間漏水

3.5.1 扉間漏水に伴う振動

過去に日本でもゲートが扉間漏水によって振動した事例がある．振動したゲートは，ライジングセクタゲートとは形式が異なる堰ゲートの2段式調節ゲートである．

一つはスパン約10 m (A堰) のゲート，もう一つはスパン約45 m (C堰) のゲートにおけるものである．両ゲートとも漏水箇所が水没状態で，ゲートの1次曲げ振動数で振動し，ゲート上流側の水面には水波が発生した．

両ゲートとも扉間漏水を止める対策として，止水ゴム形状，強度および硬度等の変更をするとともに，流介物等によって止水ゴムの損傷を防止するための防塵ゴムを追加設置した．

3.5.2 扉間漏水による非定常流体力

(1) 扉間漏水の条件
① 扉間漏水の範囲がゲートスパン60〜100％(推定)にわたる．
② 漏水箇所が上流部にあり，漏水区間が水没している．
③ 漏水区間が長い．

(2) 非定常流体力の算定[13]

例題として，ライジングセクタゲートを取り上げる．振動は，ゲート起立から止水ゴムが切れる開度までで，この振動は扉間漏水が要因と考えられる．

図3-24に扉間漏水部位のモデル化を示す．ゲートの単位長さの質量をm，振動変位をx，振動速度を$\dot{x}$，振動加速度を$\ddot{x}$，ゲートの粘性減衰係数をC，ゲートのバネ定数(剛性)をkとすると，ゲートが振動することによってゲートと戸当り区間部位に発生する非定常流体力は，$f\dot{x}+hx$と示される．

非定常流体力は，ゲートの振動速度$\dot{x}$と振動変位xに関係する項で示され，ρは水の密度，v_1は止水ゴム位置の流速，a_1は止水ゴムの漏水隙間，a_2はゲー

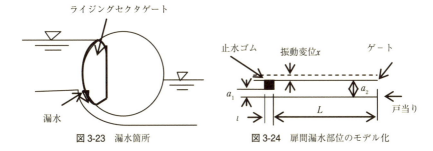

図 3-23　漏水箇所　　　　図 3-24　扉間漏水部位のモデル化

と戸当り間の隙間，ι は止水ゴムの寸法，L は止水ゴム下流側のゲートと戸当り部の漏水部位の長さである．

非定常成分からなる振動方程式は，以下のように示される（**図 3-24** 参照）．

$$m\ddot{x} + C\dot{x} + kx = f\dot{x} + hx \tag{3-65}$$

$$f = \rho v_2 \frac{L}{a_2}$$

$$h = -\rho v_2^2 \frac{1}{a_2}$$

式(3-65)に示す f 項と h 項は，次に示す関係から誘導される．まず，**図 3-24** の漏水部位の流れ場に対するエネルギー式は，

$$\frac{\rho}{2} V_1^2 + p_1 + \rho g z_1 = \frac{\rho}{2} V_2^2 + p_2 + \rho g z_2 \tag{3-66}$$

漏水部位の流量は，定常および非定常成分からなり，

$$Q_1 + \Delta Q_1(t) = Q_2 + \Delta Q_2(t) \tag{3-67}$$

非定常成分の流量は，ゲートの振動速度 $\dot{x}$，**図 3-24** に示す漏水部位の長さに影響し，以下の関係から非定常成分の速度が算定される．ここで，$Q_1 + \Delta Q_1$ および $Q_2 + \Delta Q_2$ については，非定常項を含む関係とする．

$$Q_1 + \Delta Q_1 = v_1 a_1 + \iota \dot{x}, \quad Q_2 + \Delta Q_2 = v_2 a_2 + L \dot{x} \tag{3-68-1}$$

$$v_1 a_1 + \iota \dot{x} = (v_1 + \Delta v_1)(a_1 + x) \tag{3-68-2}$$

$$v_2 a_2 + L \dot{x} = (v_2 + \Delta v_2)(a_2 + x) \tag{3-68-3}$$

さらに，V_1 および V_2 についても定常および非定常項を含む関係を導入する．

$$V_1 = v_1 + \Delta v_1(t) \tag{3-69-1}$$

$$V_2 = v_2 + \Delta v_2(t) \tag{3-69-2}$$

$$\Delta v_1 = \frac{\iota \dot{x} - v_1 x}{a_1 + x} \tag{3-69-3}$$

$$\Delta v_2 = \frac{\iota \dot{x} - v_2 x}{a_2 + x} \tag{3-69-4}$$

式(3-69-1)~(3-69-4)を式(3-66)に代入し，$\Delta p = p_1 - p_2$ を求め，$\iota/L \ll 1$ と $z_1 = z_2$ および $\dot{x}x$，x^2 等の2次の微小項を省略して，非定常流体力の項 $\dot{x}$ および x を算定すると，以下のようになる．

$$f = \rho v_2 \left(\frac{L}{a_2} \right) \tag{3-70-1}$$

$$h = -\rho v_2^2 \left(\frac{1}{a_2} \right) \tag{3-70-2}$$

式(3-65)は，以下のように示される．

$$m\ddot{x} + (C-f)\dot{x} + (k-h)x = 0 \tag{3-71}$$

式(3-71)の $(C-f)$ 値によって，以下に示す3形態の振動となる．

① $(C-f) > 0$　　減衰型振動で，振動は時間的に減衰する．

② $(C-f) < 0$　　負減衰型振動で，振動は時間的に発散するが，止水ゴムが戸当り部に強く接触し，振動変位は制限される．今回の振動はこの部類に属する．

この場合の振動の振動変位(発散型)は，以下のようになる．

$$x = e^{\frac{(C-f)t}{2m}} \left[A\cos\left(\omega_0 \sqrt{1-\gamma^2}\right)t + B\sin\left(\omega_0 \sqrt{1-\gamma^2}\right)t \right]$$

ここで，$\omega_0 = \sqrt{(k-h)/m}$: 固有円振動数，$\gamma = (C-f)/C_c$: 粘性減衰比，$C_c = 2\sqrt{m(k-h)}$，A，B : 任意の定数である．

③ $(C-f) = 0$　　定常型振動で，振動振幅は時間的に一定となる．

3.5.3 扉間漏水による振動事例

(1) ライジングセクタゲート

振動事例として引用した文献[14]では，スパン約42mのライジングセクタゲートであるが，3.4のゲートのように下端で大きな段落ち部のないもので，一例と

して，微小開度越流の流況を図 3-25 に示す．(a)は上流水面の流況で，ゲート振動に伴う水波(細波)が観測される．(b)は下流側の流況で，水脈が越流部に設置されているスポイラで分断されている．

ライジングセクタゲート振動は図 3-26 のような結果となっている．

(a) 上流側にはゲート振動に伴う水波が観測される　　(b) 薄水脈(下流側の流況)

図 3-25　微小開度越流

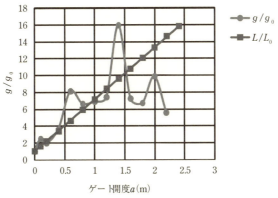

図 3-26　ライジングセクタゲートの振動例

同図には，ゲート開度による振動比 g/g_0 [g：ゲートの水流方向の振動加速度(rms)，g_0：ゲート開度 0.1 m の時の振動加速度(rms)]と振動速度比 L/L_0 [L：式(3-65)の振動速度項 $f\dot{x}$ の $f = \rho v_2(L/a_2)$ [L：ゲート開操作中の止水ゴム下流側のゲートと戸当り部の漏水部位の長さ，L_0：ゲート開度 0 m (閉)の止水ゴム下流側のゲートと戸当り部の長さ]が表示されている．扉間漏水によるゲート振動の発現は，振動速度比(L/L_0)線に沿う傾向となり，非定常流体力である $f\dot{x}$ 項に対

応した挙動となっている．

ライジングゲートの場合の止水ゴムの形状はΩ型で，ゲート据付後の止水ゴムの反発力が弱く，ほとんど全スパンにわたり漏水状態にあり，ゲート操作（越流）に伴って図 3-26 に示すような振動が発生している．漏水対策は，止水ゴムの反発力を確保するための冶具を止水ゴム内に挿入し，止水性の向上を講じている．

(2) 2段式調節ゲート

スパン約 45 m（C 堰）の 2 段式調節ゲートの扉間は水没し，振動の状況は図 3-27 のようである．同図に示すように，振動は越流時より非越流時が卓越している．

図 3-27 の振動現象は，扉間漏水が原因で，非定常流体力は式(3-65)ように上

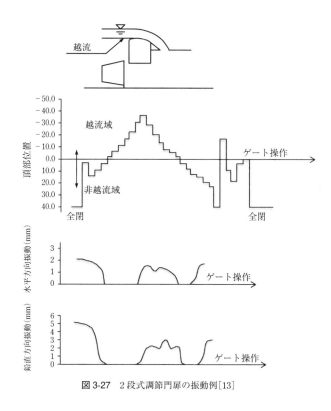

図 3-27 2段式調節門扉の振動例[13]

段ゲート面に直交しているが，吊り構造で吊り点に対して振り子的な振動形態となり，上段ゲート面が傾斜する．また，扉体の減衰性は水平方向に比べ鉛直方向が小さく，現象的に鉛直方向が卓越する可能性がある．一方，堰ゲートの潜り下端放流時の振動測定事例[15]では，鉛直方向が水平方向に比べ卓越し，約2：1の関係にあり，現象的にはよく似た振動形態のようである．

2段式調節ゲートの止水ゴム形状はU型で，ゲート据付後，上下流の水圧変動に伴う扉間隙間に対するゲート止水ゴムの追従性が悪く，ほぼ全スパンにわたって漏水状態にあり，図3-27に示すような振動が発生した．漏水対策は，追従性の良い止水ゴムとしてスパイラル方式に取り替えている．

3.6 振動現象の評価法

堰ゲートに発生する振動現象から設備の信頼性および安全性を評価することはきわめて重要な課題である．

ここでの評価は，ダム・堰施設検査要領(案)同解説および文献[1]にも記載されているように、Petrikat図表を基本にする．

従来からの振動評価は振動現象(片振幅μm～振動数Hz)を図3-28に示す．Petrikat図表上に点描し，現象が許容値(例えば，構造物危険限界線)以内にとどまっているかどうかを判定する．この手法によれば，信頼性および安全性に対して数値化されていないため，数値的な評価およびトレンド解析(劣化診断)ができない．

取得したデータについて，振動数域0～100HzではPetrikat図表(構造物危険限界線)で囲まれる領域についての累積値，振動数域100Hz以上では75μm～Hz間に囲まれた領域の累積値を求め，それぞれの領域での累積値比を算定する．

(1) 振動数域0～100Hz

図3-29に示すように構造物危険限界線および測定値のμm×Hz累積値を算定する．

$$\text{前回の累積値比} = \frac{\text{測定値}}{\text{構造物危険限界線}} \quad (3\text{-}72\text{-}1)$$

3. 流体関連振動

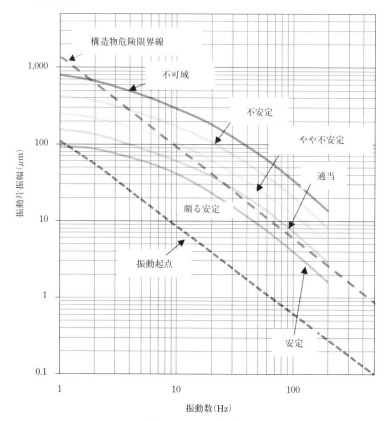

図 3-28 Petrikat 図表

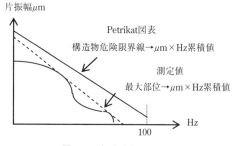

図 3-29 振動発生のデータ

$$\text{今回の累積値比} = \frac{\text{測定値}}{\text{構造物危険限界線}} \tag{3-72-2}$$

トレンド解析は以下の関係によるが，累積値比が許容値(1.0)超のケースとする．

$$\frac{\text{今回の累積値比} - \text{前回の累積値比}}{\text{年数}} \tag{3-73}$$

(2) 振動数域 100Hz 以上

図 3-30 に示すように，75μm[1] および測定値の μm×Hz 累積値を算定する．75μm はターボ圧縮機および発電機ロータの軸系振動の許容振幅である．

$$\text{前回の累積値比} = \frac{\text{計測値}}{75\mu\text{m}} \tag{3-74-1}$$

$$\text{今回の累積値比} = \frac{\text{計測値}}{75\mu\text{m}} \tag{3-74-2}$$

トレンド解析は以下の関係によるが，累積値比が許容値(1.0)超のケースとする．

$$\frac{\text{今回の累積値比} - \text{前回の累積値比}}{\text{年数}} \tag{3-75}$$

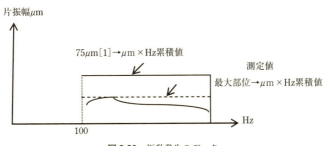

図 3-30 振動発生のデータ

参考文献

[1] 巻幡, 高須, 角：応用水理工学, pp.38, 58, 254, 技報堂出版
[2] 巻幡：水理工学概論, pp.14, 80, 技報堂出版
[3] 石原：応用水理学 I 中 I , pp.194～195, 丸善
[4] 伊藤：音響工学原論 上巻, p.268
[5] 巻幡：水門鉄管誌, No.137
[6] Davis Sorensen：Handbook of Applied Hydraulics (third edition)
[7] J. David Hardwick：Flow-Induced Vibration of Vertical-Life Gate, ASCE, HY5, May 1974
[8] 上田, 萩原：長径間ゲートの振動特性に関する研究, 土木学会論文報告集, 第279号, 1978.11
[9] 中島, 巻幡：水門扉の振動に及ぼす背水の影響, 日立造船社内報告, 技研1002, 1961.3
[10] 井口, 巻幡：長径間ゲートの振動に関する一考察, 土木学会第36回年次学術講演会, 講演集 II -168
[11] A. B. Wood：Acoustics, London, 1940
[12] C. Jaeger：Engineering Fluid Mechanics, p.153
[13] 巻幡, 大倉：ダム工学, No.22, 1996
[14] 釜山大学の報告書, 韓国, 2013.3
[15] 高須他：水工学論文集, 38巻, p.366, 1994

あとがき

　堰ゲートの水理および流体関連振動事例として，円弧面からの越流水脈と堰下流の角折れ河床流れや洪水吐用の制水門ゲート，流量調節用の2段式調節ゲートを取り上げているが，型式の異なるライジングセクタゲートについても記載している．

　事例として掲載した資料については，多くの方々からの提供を頂いた．ここに，感謝申し上げます．

　最後に，本書の出版にあたりいろいろと一方ならぬ骨折りを頂いた技報堂出版（株）に深く感謝申し上げる次第である．

索　引

【う，え，お】

Westergaart の式　33
渦強制力　32
渦形成　39
運動量理論　21

越流限界水深　42
越流水深　4
越流水脈　38
エネルギー最小　40
エネルギー式　11
エプロン基部　21
円弧面　3
遠心力　3
鉛直剛体振動　33

音圧の透過-反射係数　16
音速　17

【か，き，け，こ】

角折れ河床流れ　20
カルマン渦列　39
渦列　26
管円弧部の水圧　23
河川環境　1
監査廊　16

危険開度(限界値)　32
気柱振動　16
起伏ゲート　3
給気管　16
共振範囲の評価　38
強制系　32
鏡像の理論　39
曲率半径　18

桁構造　25
ゲート
　――の振動モードに関する付加水質量の係数　33
　――の水中固有振動数　32
　――の弾性変形　51
ゲート底部　51
限界開度　25
限界水深　4
限界水脈と落水脈の連成　48
限界値　31
限界流速　4

洪水吐ゲート　32

【し，す，せ】

シェル構造　25
質量-バネ系　45
射流域　41
斜路流れ　13
周期的再付着　26
Short-tube effect　25
常流域　11, 41
上流水面形　11
シル面　39
自励振動　29
深水波の波速　41
振動現象の評価法　60
振動数域　61
振動の応答系　32

水圧力　23
水中固有振動数　32
水波現象による水脈振動　15
水平曲げ振動　32
水脈

70　索　引

　　——の軌跡　5
　　——の落下時間　44
水脈剥離の判定　5
水脈変動　13
水脈モードの次数　44
水面波の波長　37
数値的な評価　60
スクリーン受桁(山形鋼)　9
ストローハル数　39
スポイラ　50

制水ゲート　1
堰ゲート　32
堰上流面　37
堰頂端の剥離の落水脈　38
堰頂の越流　38
接水面の付加水質量の係数　33
設備
　　——安全性　60
　　——信頼性　60

【た，ち，て，と】

ダム水撃圧作用　16
段落ち部　16
短管　25
単振子の振動　41

跳水の限界水深　40
超低周波音(約20Hz以下)　13
長波の波速　41

低周波音(50Hz以下)　55

トレンド解析(劣化診断)　60

【な，に】

流れ
　　——の剥離　26
　　——の不安定現象　26
ナップ　3

2段式調節ゲート　1

【は，ひ，ふ，へ】

背水域の流れ　26
波速の連続性　42
波紋観測　37

非越流時　59
扉間漏水　55
　　——の条件　56
微小開度　25
非対称配列渦　39

付加水質量　28, 29, 33

Helmholtz 型　18
Petrikat 図表　61

【ま，も】

マニング式　5

潜り下端放流　25, 32
潜り流出状態　25
潜り流出に伴う跳水　39

【ら，り，る，れ】

ライジングセクタゲート　51
落水脈　3, 6
　　——による振動　15
　　——のうねり(脈動)　40
落体の運動　3, 6

利水　1
リップ部　25
流体関連振動　25
流体平均深さ　5, 14, 44, 53

累積値　61

劣化診断　60

【わ】
ワイヤロープのバネ定数　34

著者紹介

巻幡　敏秋（まきはた　としあき）
　工学博士

1965 年	大阪府立大学大学院工学研究科機械工学専攻修士課程修了
1965～1997 年	日立造船株式会社入社．技術研究所理事，技師長として，主に水理構造物の流体問題および係留浮体の運動の研究に従事
1997～2002 年	日立造船株式会社鉄構建機事業本部技術総括として，鉄構製品の開発研究に従事
2002 年～現在	株式会社ニチゾウテック技術コンサルティング事業本部顧問として，水門扉および振動に関する研究に従事
	大阪電気通信大学客員教授
論文	土木学会論文集，水工学論文集，機械工学論文集，水門鉄管誌，日立造船技報等に多数
著書	水理工学概論，技報堂出版，2001
	応用水理工学(共著)，技報堂出版，2012
	水力学(第 2 版)(共著)，森北出版，2014

堰ゲートの水理解析・流体関連振動

2016 年 1 月 15 日　1 版 1 刷　発行

定価はカバーに表示してあります．

ISBN978-4-7655-1830-7　C3051

著　者　巻　幡　敏　秋
発行者　長　　滋　彦
発行所　技報堂出版株式会社

日本書籍出版協会会員
自然科学書協会会員
土木・建築書協会会員

〒101-0051　東京都千代田区神田神保町 1-2-5
電　話　営　業　(03) (5217) 0885
　　　　編　集　(03) (5217) 0881
　　　　FAX　　(03) (5217) 0886
振替口座　00140-4-10
http://gihodobooks.jp/

Printed in Japan

Ⓒ Toshiaki Makihata, 2016

装幀・田中邦直　　印刷・製本　三美印刷

落丁・乱丁はお取替えいたします．

JCOPY　<(社)出版者著作権管理機構　委託出版物>

本書の無断複写は著作権法上での例外を除き禁じられています．複写される場合は，そのつど事前に，(社)出版者著作権管理機構（電話 03-3513-6969，FAX 03-3513-6979，e-mail: info@jcopy.or.jp）の許諾を得てください．

── 好評発売中！──

水理工学概論
－ゲート振動・給気および水理－

P. Novak 編／巻幡敏秋 訳　　A5・226頁　　定価：3,800円＋税　　ISBN4-7655-1619-9

ゲート構造物，ダム構造物の設計において，特に配慮すべき振動の問題，給気の問題等について，研究成果，資料に基づいて論じた．
原書名：Cevelopments in Hygraulic Engineering-2

【目次】　1章 水理構造物の振動（単振子/連続弾性体/付加質量/付加剛性/付加減衰/強制外力/他）／ 2章 ゲート振動（特性/1自由度系/自励系/自己制御系/水密構造設計/越流ゲート/防止法/キャビテーション/流体弾性模型）／ 3章 水理構造物の給気（給気/開水路/過渡現象/水路構造物要素/自然脱気/高酸素化）／ 4章 高水頭ダムの余水吐（クレスト設計法/トンネル設計法/運用試験/模型実験）／ 5章 高水頭ダムのエネルギー減勢（跳水減勢池/ローラバケット減勢工/フリップバケット/減勢池/キャビテーション/放流設備/減勢工の設計/模型実験）

応用水理学

巻幡敏秋・高須修二・角哲也 著　　A5・328頁　　定価：4,400円＋税　　ISBN978-4-7655-1801-7

実物の装置および構造物に発生する特殊な事象についての解法に重点を置いているが，その現象自体は各種装置および構造物にとってきわめて重要である．

【目次】　Ⅰ部　1章 流体の物理的性質（質量，密度/圧縮率，比容積/圧力波/粘性係数，動粘性係数/表面張力）／ 2章 単位系 ／ 3章 静水力学（圧力/水頭/液柱計/浮力/浮揚体/相対的静止）／ 4章 動水力学（流体運動/流量測定/管路/開渠/抵抗/水撃作用/）／ 5章 流体力学（境界層/波動/流体の振動/付加質量）／ 6章 拡散（方程式/拡散モデル）／ 7章 圧縮性流体の運動（ベルヌーイの式/ラバール管/音速/衝撃波）／ 8章 水力機械（発電/水車/導水/ポンプ/送風機）
Ⅱ部　9章 水路構造物の水理（空気連行，キャビテーション/長径間シェル構造ゲート/選択取水設備）／ 10章 水路構造物の振動（振動評価/管路式ゲート/長径間シェル構造ゲート/堰ゲート設備の信頼性）／ 付録

■ 技報堂出版　　TEL 営業 03(5217)0885／編集 03(5217)0881　FAX 03(5217)0886　■